周期表

10	11	12	13	14	15	16	17	18	族 / 周期
								2 **He** ヘリウム 4.003	1
			5 **B** ホウ素 10.81	6 **C** 炭素 12.01	7 **N** 窒素 14.01	8 **O** 酸素 16.00	9 **F** フッ素 19.00	10 **Ne** ネオン 20.18	2
			13 **Al** アルミニウム 26.98	14 **Si** ケイ素 28.09	15 **P** リン 30.97	16 **S** 硫黄 32.07	17 **Cl** 塩素 35.45	18 **Ar** アルゴン 39.95	3
28 **Ni** ニッケル 58.69	29 **Cu** 銅 63.55	30 **Zn** 亜鉛 65.38	31 **Ga** ガリウム 69.72	32 **Ge** ゲルマニウム 72.63	33 **As** ヒ素 74.92	34 **Se** セレン 78.97	35 **Br** 臭素 79.90	36 **Kr** クリプトン 83.80	4
46 **Pd** パラジウム 106.4	47 **Ag** 銀 107.9	48 **Cd** カドミウム 112.4	49 **In** インジウム 114.8	50 **Sn** スズ 118.7	51 **Sb** アンチモン 121.8	52 **Te** テルル 127.6	53 **I** ヨウ素 126.9	54 **Xe** キセノン 131.3	5
78 **Pt** 白金 195.1	79 **Au** 金 197.0	80 **Hg** 水銀 200.6	81 **Tl** タリウム 204.4	82 **Pb** 鉛 207.2	83 **Bi**[*] ビスマス 209.0	84 **Po**[*] ポロニウム (210)	85 **At**[*] アスタチン (210)	86 **Rn**[*] ラドン (222)	6
110 **Ds**[*] ダームスタチウム (281)	111 **Rg**[*] レントゲニウム (280)	112 **Cn**[*] コペルニシウム (285)	113 **Nh**[*] ニホニウム (284)	114 **Fl**[*] フレロビウム (289)	115 **Mc**[*] モスコビウム (288)	116 **Lv**[*] リバモリウム (293)	117 **Ts**[*] テネシン (293)	118 **Og**[*] オガネソン (294)	7

63 **Eu** ユウロピウム 152.0	64 **Gd** ガドリニウム 157.3	65 **Tb** テルビウム 158.9	66 **Dy** ジスプロシウム 162.5	67 **Ho** ホルミウム 164.9	68 **Er** エルビウム 167.3	69 **Tm** ツリウム 168.9	70 **Yb** イッテルビウム 173.1	71 **Lu** ルテチウム 175.0
95 **Am**[*] アメリシウム (243)	96 **Cm**[*] キュリウム (247)	97 **Bk**[*] バークリウム (247)	98 **Cf**[*] カリホルニウム (252)	99 **Es**[*] アインスタイニウム (252)	100 **Fm**[*] フェルミウム (257)	101 **Md**[*] メンデレビウム (258)	102 **No**[*] ノーベリウム (259)	103 **Lr**[*] ローレンシウム (262)

Guide to Materials Science and Engineering

物質工学入門シリーズ

基礎からわかる環境化学

ENUIRONMENTAL CHEMISTRY

庄司 良

下ヶ橋 雅樹

[共著]

森北出版株式会社

シ リ ー ズ 編 集 者

笹本　忠
神奈川工科大学名誉教授　工学博士

高橋　三男
東京工業高等専門学校物質工学科教授　理学博士

執 筆 者

庄司　良
序章，第1章，第4章，第5章（共同），第7章，第8章

下ヶ橋　雅樹
第2章，第3章，第5章（共同），第6章

シリーズ まえがき

　いつの時代でも，大学・高専で行われる教育では，教科書の果たす役割は重要である．編集者らは，長年にわたって化学の教科を担当してきたが，その都度，教科書の選択には苦慮し，また実際に使ってみて不具合の多いことを感じてきた．

　欧米の教科書の翻訳書には，内容が詳細・豊富で丁寧に書かれた良書が多数存在するが，残念なことにそのほとんどの本が，日本の大学や高専の講義用の教科書に使うには分量が多すぎる．また，日本の教科書には分量がほどよく，使いやすい教科書が多数あるが，その多くは刊行されてからかなりの時間がたっており，最近の成果や教育内容の変化を考慮すると，これもまた現状に合わない状態にある．

　このような状況のもとで教科書の内容の過不足を感じていたときに，大学・高専の物質工学系学科のための標準的な基礎化学教科書シリーズの編集を担当することとなった．この機会に教育経験の豊富な先生方にご執筆をお願いし，編集者らが日頃求めている教科書づくりに携わることにした．

　編集者らは，よりよい教育を行うためには，『よき教育者』と『よき教科書』が基本的な条件であり，『よき教科書』というのは，わかりやすく，順次読み進めていけば無理なく学力がつくように記述された学習書のことであると考えている．私どもは，大学生・高専生の教科書離れが生じないよう，彼らに親しまれる教科書となることを念頭の第一におき，大学の先生と高専の先生との共同執筆とし，物質工学系の大学生・高専生のための物質工学の基礎を，大学生・高専生が無理なく理解できるように懇切丁寧に記述することを編集方針とした．

　現在，最先端の技術を支えているのは，幅広い領域で基礎力を身につけた技術者である．基礎力が集積されることで創造性が育まれ，それが独創性へと発展してゆくものと考えている．基礎力とは，樹木に喩えると根に相当する．大きな樹になるためには，根がしっかりと大地に張り付いていないと支えることができない．根が吸収する養分や水にあたるものが書物といえる．本シリーズで刊行される各巻の教科書が，将来も『座右の書』としての役割を果たすことを期待している．

シリーズ編集者

笹本　忠・高橋三男

はじめに

　環境化学とは，人間によって排出された化学物質を原因として水・大気・土壌などが何らかの影響を受け，それが人間活動やひいては地球の存続を脅かす問題について，一連の流れや原理，対策を理解するための学問である．環境を大きく水環境，大気環境，土壌環境と分ける考え方があるが，そう単純に考えるだけでは環境化学を理解することはできない．たとえば，一つの工場が及ぼす周辺環境への影響を考える場合，その工場は煙突から排煙を排出し，それが大気中に拡散した後，降雨によって土壌を汚染し，それがさらに地下水汚染を引き起こし，ひいては河川や湖沼，海洋の汚染につながっていく．つまり，水環境・大気環境・土壌環境は密接に関連している．さらに，その工場は電力を消費するだけでなく，原料残さとして廃棄物をも排出する．つまり，環境化学は水環境・大気環境・土壌環境のみならず，資源・エネルギーの問題や廃棄物問題までを包括的に理解することが必要になるのである．

　本書は主に大学や高等専門学校の理工系の学生を対象とし，主要な化学物質については構造式までも紹介している．しかし，必ずしも化学を専攻する学生でなくても，十分に理解しうる内容となるよう，適宜イラストや図表を交えて解説した．この教科書の構成として，序章では，環境化学という学問の位置づけや内容，関連分野・関連科目について概説した．第1章では化学物質が引き起こす人体や生態系に対する影響を解説した．第2章では水環境問題について取り上げ，特に水処理プロセスについて解説した．第3章では大気環境問題について取り上げ，大気汚染の原因と対策について解説した．第4章では土壌環境問題について概説した．第5章では地球環境問題について概説し，第6章では資源・エネルギー問題について紹介した．第7章では廃棄物問題について取り上げ，第8章では生態系について説明した．第1章から第8章までで取り上げる種々の問題に互いに密接な関連があることは，前述したとおりである．

　この教科書では，なるべく各章ごとの関係を考察できるよう，適宜関連する事項を参照し，環境化学を総合的に理解できるようにしてある．「木を見て森を見ず」では本質的な理解にはつながらない．以上のような視点でこの教科書を活用していただき，読者の環境問題に対する理解が少しでも深まるようであれば，望外の幸せである．

2018年2月

庄司　良・下ヶ橋雅樹

目　次

序 章
環境化学とは

環境化学は，環境問題を化学の視点から学ぶ学問であり，環境問題の解決策を考えるうえで基礎となる学問である．化学の知識だけでは環境問題を解決することはできないが，環境問題の原因となる化学物質と，その物質が引き起こす問題のメカニズムの双方を学ぶことによって，問題解決に貢献することができるようになる．序章では，第1章以降の各論を学ぶ前に，環境化学を学ぶことの意義・位置づけ，環境化学が扱う各種の問題について解説する．また，化学物質の状態（固体・液体・気体）によって，面的な広がりと処理の容易さが異なるため，それぞれの状態についても解説する．

KEY 🔑 WORD

環境化学	環境科学	環境工学	学際領域	環境汚染物質
物質の三態	易動性	公害		

序.1 環境化学の位置づけ

序.1.1 化学の1分野としての環境化学の位置づけ

環境化学は化学の1分野である．そのため物質工学入門シリーズの中にも『環境化学』が取り上げられている．しかし，環境化学は，物理化学や有機化学などのような基本分野と異なり，それらの基本分野を中に含むような応用分野であるため，環境化学を理解するためには，化学のほとんどすべての分野を相応に理解する必要がある．環境問題には必ずその原因となる化学物質が存在する．その物質の構造やそれに基づく性質を理解することで，現象や対策を考えることが可能になるため，環境化学が問題解決の基盤となる[*1]．

図序.1に環境を構成する要素を示す．環境は，生物要素として動物，植物，微生物に大別され，また非生物要素としては大気，水，土壌から構成される．環境化学では，これらの要素を化学の視点で定量的に議論していく．

序.1.2 環境科学，環境工学

環境問題の解決は化学だけではなしえず，物理学，生物学，経済学など他のさまざまな学問も必要になる．図序.2に，環境学とその周辺学問の関

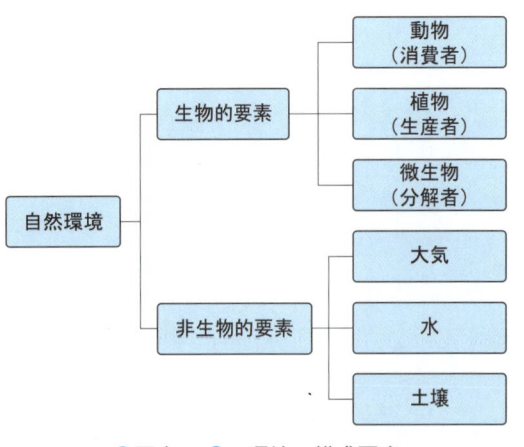

●図序.1●　環境の構成要素

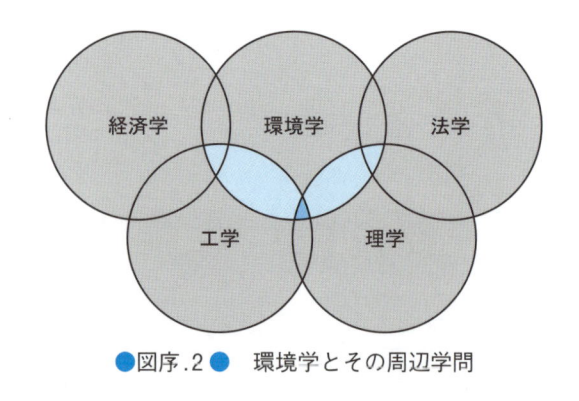

●図序.2●　環境学とその周辺学問

係を示す．環境学と工学の重なり合うところが環境工学（水色），環境学と理学の重なり合うところが環境科学（水色）である．環境化学は，環境学と工学と理学が重なり合うところ（濃い青色）と考えてもらえればよい．

　また，地球環境問題，資源・エネルギー問題や廃棄物問題の対策としては，経済学の手法も使われている（5.5.3項参照）[*2]．そもそも，経済の発展と環境の保全は一般的にいえば相反する．つまり，経済が停滞すれば，環境汚染の進行は遅れ，

逆に経済発展はとりもなおさず環境破壊の加速をもたらす．経済を発展させつつ環境が改善されるようなことを環境学ではデカップリングといい，たとえばある交差点で自動車の交通量が増加しても，大気中の二酸化硫黄濃度が低下するような状況を示す．経済の発展と環境の保全を両立する，技術・仕組み・法律などの工夫が求められている．

　環境関連の学問はこのように幅広い学際分野であり，各分野がしのぎを削りながら，互いに一致団結して協力していくことで，画期的な解決策を導き出すことが期待されている．

序.2 環境化学を学ぶ必要性

序.2.1　過去の自然環境

　宇宙は化学物質でできており，当然のことであるが人類が誕生する以前から存在する．ビックバンによって宇宙が誕生して以来，恒星の中心部で水素 H の 2 原子が核融合してヘリウム He，He の 2 原子が核融合してベリリウム Be に，さらに Be から酸素 O に，やがては鉄 Fe へとさまざまな元素が誕生した．また，宇宙の膨張とともに温度・圧力が低下し，原子どうしが化学結合によって分子を構成した．

　原始地球の大気組成は，現在の地球のように酸素の濃度が高くなく，メタン CH_4 やアンモニア NH_3 が大気の主成分である嫌気的な状態であったといわれている．そのような状態では当然，ヒト[*3] をはじめ呼吸によって生存する好気的な生物は存在せず，嫌気的な生物が地球上の最初の生物であった．やがて植物が誕生し，それが光合成を行って二酸化炭素 CO_2 を酸素 O_2 に変換し，大気中の酸素濃度が上昇するにつれて，地球は好気的な生物が生存できる環境に変化した[*4]．この好気的な状態では，嫌気的な生物は生存しえない[*5]．

　また，図序.3 に示すように，地球は水に覆われ

●図序.3● 水に覆われた地球表層
©JAXA（提供）

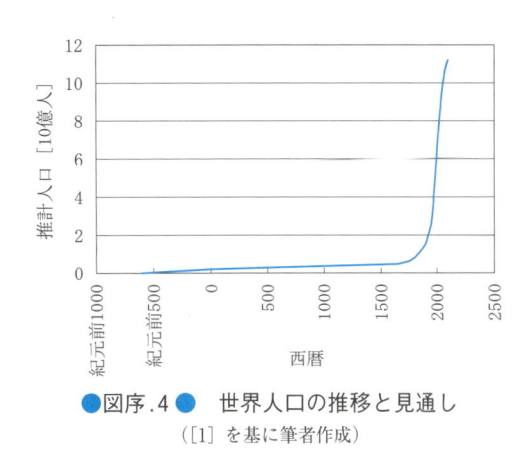

●図序.4● 世界人口の推移と見通し
（[1] を基に筆者作成）

た惑星である．水は分子どうしが水素結合で結び
つくため，酸素と同族の元素の水素化物である硫
化水素やセレン化水素などと比べて，大きな比熱
をもっている．そのため，水に覆われた地球は温
度変化がかなり緩和されている．地球上の平均気
温は数万年の周期で変動しているが，現在の平均
気温は産業革命以来もっとも高くなった 2015 年
でも約 15 ℃と，生物にとって住みやすい環境と
なっている．

このように，酸素の有無や水の性質，長期の気
温変動などによって，安定している環境や生態系
が，極端に変化または崩壊することがある．46 億
年という時間で考えると，何らかのきっかけによ
って新しい生態系や環境に変化することは，地球
上で何度も起きている現象である．たとえば，隕
石が衝突して環境が激変し，恐竜が絶滅するとい
った生態系の変遷が起きてきた[*6]．環境問題をよ
り広くとらえるときには，このようなことも考察
対象になる．

序.2.2 環境問題と現代

今日の社会や人々の生活は，昔の人からは想像
もつかないほど変革を遂げた．経済成長，科学技
術の発展にともない，経済的・物質的な豊かさを

人類は手に入れた．しかし同時に，エネルギー消
費量や環境の破壊も，産業革命以降急速に増加し
続けた．急激な近代化や経済成長の陰で自然や生
活環境は荒廃し，日本でも公害の原点といわれる
足尾銅山鉱毒事件や水俣病などの公害病が発生し
た．

環境問題と人口は関連しており，図序.4 に世
界人口の推移と見通しを示す．産業革命を契機に，
蒸気機関によって，工業化が急速に進むとともに
人口が増加し，資本主義経済の発展と企業活動の
拡大により，大量生産，大量消費の時代となって
いった．世界の人口は 1830 年には 10 億人であっ
たが，その 100 年後の 1930 年には 20 億人，2017
年には 76 億人に急増し，この人口増加と文明の
進歩にあいまって環境問題も多様化，深刻化して
きている．近年では，地球温暖化や生物多様性の
損失などの問題も発生している．

これらの問題は，地球の長い歴史の中で見ると，
ごく最近起きた出来事であるが（後述の表 8.1 参
照），現在の人間にとっては深刻な問題である．
環境問題の原因を生み出すのも，被害をこうむる
のも，人類である．つまり，環境問題とは現在の
ヒトならびにヒト周辺の生態系にとっての問題で
ある．

序.2.3 環境汚染物質

環境化学で扱う環境汚染物質は多岐にわたるが，

[*6] 恐竜の絶滅は隕石衝突以外にもさまざまな説がある．

主として人類が作り出してきた化学物質（人工化学物質[*7]）を指すことが多い．放射性同位体も，ウラン鉱石以外は本来特定の場所に濃縮されて存在しているものではないため，こうした元素による汚染は人為的なものである[*8]．ただし，人類が作り出した化学物質だけが環境問題を引き起こすわけではない（図1.8節参照）．たとえば，火山の噴火によって放出される硫黄酸化物 SO_x は莫大な量にのぼり，それは第3章で説明するように代表的な大気汚染物質である．また，自然の土壌や地盤に存在するヒ素などの重金属が，地下水中に高濃度で溶け込み，地域によってはヒトに対する健康影響が懸念されている．さらには，ラジウムやラドンのように自然由来の放射性同位体も存在する．したがって，人工化学物質だけを考えていては現象をとらえることができず，第1章で詳しく述べる自然由来の環境汚染物質も考慮に入れながら，種々の環境問題を考察していく必要がある．

　人類が近代文明を築いて以降の数百年で，今までの地球には存在しなかった新しい化学物質が，人の手によって作り出されてきており，その数は現在，指数関数的に増加している．図序.5に，身の回りにある化学物質と研究用試薬の例を示す．今日，5万種以上の化学物質が流通し，またわが国において工業用途として化学物質の審査及び製造等の規制に関する法律[*9] に基づき届けられるものだけでも，毎年300種類程度の新しい化学物質が市場に流通している．化学物質の普及は20世紀に入って急速に進んだため，人類や生態系が化学物質に長期間さらされるという状況はこれまでになく，つねに想定外の問題が起こりうる．これらの人工化学物質によってわれわれ人類は便利な社会を享受しているが，一方でその物質が環境にどのような影響を及ぼすかについて未知の部分もあり，いたずらに新しい化学物質を作り出すことには慎重な姿勢も求められているのである．

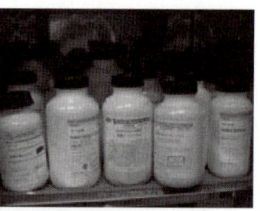

●図序.5●　身の回りの化学物質（左）と研究用試薬（右）

　利用されている化学物質には，もともとの自然界にはきわめて微量にしか存在しなかったもの，あるいはまったく存在しなかったものも含まれている．自然界に存在していなかった化学物質は生物に有害であることが多く，また，難分解性のものもある．これらの化学物質は環境中に放出されると，長期間にわたり影響を及ぼし続けるため，環境中の食物連鎖を通して生体内に循環・蓄積され，生物にとって致命的な問題になる可能性がある（1.3節で詳説する）．人類は自らの生活を快適にするためにさまざまな環境汚染物質を作り出してきたが，それを放出して環境を汚染し，また汚染された環境が人間に悪影響を及ぼすという悪循環の構図になっている（図序.6）．たとえば，水俣病などの公害問題もそのような構図で説明できる．環境化学は，この悪循環を断ち切るための手がかりを与えてくれる．

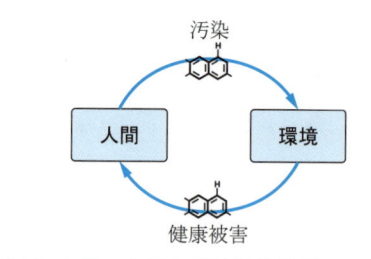

●図序.6●　人間と環境汚染物質のかかわり

序.3 環境問題と化学物質の関係

序.3.1　環境汚染物質の状態

　化学物質に固体，液体，気体という三つの状態があるように，環境汚染物質にも固体，液体，気体の三態がある．固体は微小な粉じんでない限り易動性[*10]は少ないが，液体，気体と変わるにつれて易動性が増す．このため，環境汚染物質が固体，液体，気体のいずれの状態にあるのかが，その汚染の拡散度合いや処理の容易さを理解するうえで重要な鍵となる．たとえば，序.3.3項で説明する水俣病の原因となった水銀 Hg は，常温常圧[*11]で液体であるという特異的な性質のため，化学合成の触媒として便利に使われてきた．しかし，易動性をもつ液体であるという性質が逆にあだとなって，容易に排水中に混入し，メチル水銀が周辺河川や海域に拡散して，面的な広がりをもって被害が拡大した．このように，種々の環境問題の原因と対策を考える場合，まず原因となっている環境汚染物質の化学的な状態を考察することが重要になる．

序.3.2　環境の状態と濃度・易動性

　環境も物質と同じように，固体である土壌，液体である水，気体である大気に分類することができる．本書では，第2章の水環境問題，第3章の大気環境問題，第4章の土壌環境問題で，それぞれの原因と対策について詳説する．図序.7に物質の三態と環境汚染の広がりを示す．物質の易動性は土壌，水，大気の順に高くなるため，汚染の拡散の度合いも土壌，水，大気の順に高くなる．また，易動性は化学反応にも関連するため，汚染の処理を考える場合は，易動性が高いほうが処理の効率が上がる．一方，物質の拡散と残留は裏表

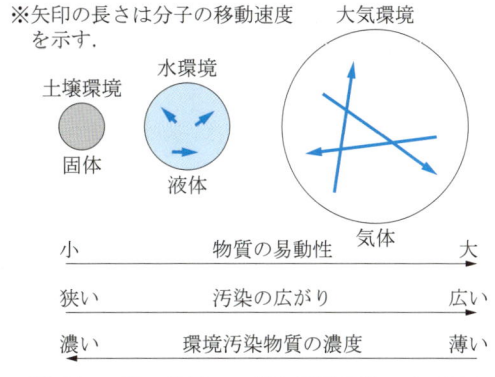

※矢印の長さは分子の移動速度を示す．

大気環境　水環境　土壌環境　固体　液体　気体

小　物質の易動性　大
狭い　汚染の広がり　広い
濃い　環境汚染物質の濃度　薄い

●図序.7●　物質の三態と環境汚染の広がり

の関係にあるため，環境汚染物質の濃度は大気，水，土壌の順に高くなる．

序.3.3　公害問題と物質の易動性

　次に，公害問題の原因となった物質とその易動性による汚染の拡散について考えよう．日本の公害問題は，明治時代に栃木県渡良瀬川流域で発生した足尾銅山鉱毒事件が原点といわれている．その後，工業化が急速に進んだ1950年代以降の高度成長期に，各地で深刻な公害問題が発生した[*12]．

　生物に有害な化学物質として代表的なものは，水銀であろう．水銀は，前述のように金属でありながら常温常圧で液体であるという特殊性から，産業で広く使用されてきた．熊本県水俣市では，メチル水銀が含まれた工場排水が水俣湾に排出され，これが魚介類に蓄積され，魚を日常的に食べていた地域住民に，中枢神経疾患を主訴とする水俣病が発生し，死者も出た[*13]．新潟県阿賀野川流域でも同様の公害が発生し，第二水俣病とよばれた．水銀が水俣病の原因物質として特定されてからは，国の規制によって使用が中止されていった．

---

*10　拡散や流れによる移動のしやすさ
*11　化学での常温常圧とは，298.15 K，1気圧のことである．
*12　足尾銅山鉱毒事件は，明治初期から発生した日本で最初の公害問題といわれ，鉱毒水や排煙によって周辺環境に大きな影響がもたらされた．政治家であった田中正造がこの問題を国会に取り上げ，農民運動が立ち上がったが，環境よりも経済を優先する時代背景もあって，対策は遅れ，渡良瀬川流域の広い範囲に鉱毒が拡散したといわれている．
*13　水俣病についても，足尾銅山鉱毒事件と同様に環境よりも経済を優先する当時の時代背景から，対策が後手に回り，被害を拡大させてしまったといわれている．つまり，高分子（ポリマー）の材料として欠かすことができないアセトアルデヒドの生産は，当時の高度成長期をひた走る日本を支える原動力ともなっていた．そのため，環境対策を目的とする減産や生産停止はとりにくいという背景があったことは否めない事実である．

■表序.1■　日本で発生した主な公害問題（19世紀から20世紀にかけて）

年	内容	原因物質
1890年代	栃木県で足尾銅山の鉱毒問題	銅，ヒ素
1922年	富山県でイタイイタイ病が発生	カドミウム
1951年	三重県で四日市ぜんそくが発生	光化学オキシダント，NO_x，SO_x
1956年	熊本県で水俣病が発生	水銀
1965年	新潟県で第二水俣病が発生	水銀
1970年	首都圏で光化学スモッグが発生	光化学オキシダント，NO_x，SO_x

富山県の神通川流域で発生した，カドミウムを原因物質とする**イタイイタイ病**も代表的な公害問題である．三重県四日市市では石油コンビナートの排煙などを原因とする大気汚染が原因で，**四日市ぜんそく**が発生した．これらの公害は**四大公害**とよぶ．これらを含めた日本で発生した主な公害問題を，表序.1に示す[*14].

序.3.4　その他の環境問題

　環境問題は，大気・水・土壌という状態に基づく分類以外のとらえ方もある．資源・エネルギー問題や廃棄物問題にも密接に関連する．図序.8に挙げたのはごく一部であるが，たとえば食糧消費が農地の劣化を招き，それが砂漠化を進行させるとともに森林伐採につながり，ひいては**地球温暖化**問題につながっていく．それが元となり，**異常気象**や**食糧危機**という形で人間活動に負の影響

を与えていくことになる．つまり，人間活動が環境を劣化させ，劣化した環境が人間活動に影響を与える構図であるが，その中身は入り組んでおり，一つの問題を解決しただけでは全体の解決につながらない．

　また，一つの環境汚染物質が一つの環境だけを汚染するわけではない．一例として図序.9に示す**廃棄物最終処分場**を取り上げる．7.3.2項で詳しく述べるが，廃棄物最終処分場に埋立処分された廃棄物中に含まれる重金属類などの有害な環境汚染物質が，降雨などによって処分場から周辺環境に溶出・拡散し，それが土壌汚染を引き起こすことがある．さらに地下水へと浸透した後，下流の河川へと流出することで水環境問題をも引き起こすことがある．このように，環境問題の原因物質は拡散や流動によって，1箇所にとどまらないため，全体を理解するために俯瞰することが必要

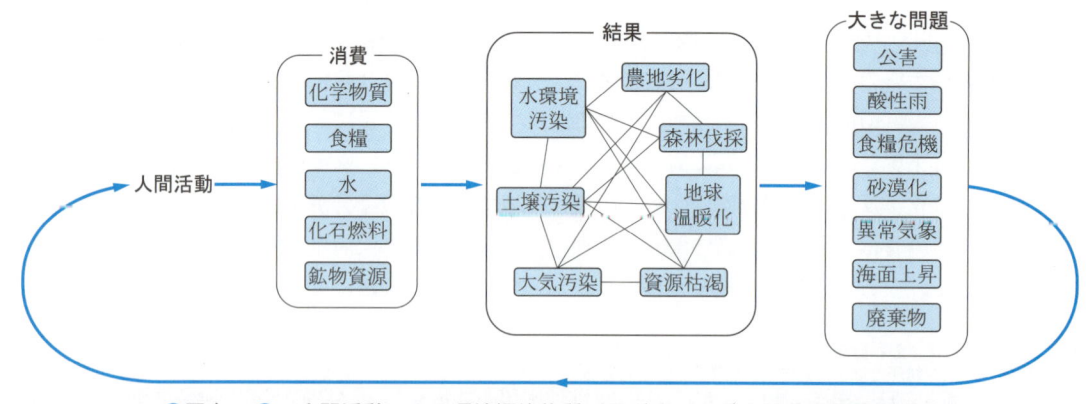

●図序.8●　人間活動による環境汚染物質が及ぼすさまざまな環境問題の関係

---

*14　途上国では，いまだに水銀汚染による深刻な健康被害が発生しているところがある．2013年に熊本市で開催された国連環境計画（UNEP）の会合で，水銀の使用を全世界的に規制する「水俣条約」が全会一致で採択された．

序章

第1章

第2章

第3章

第4章

第5章

第6章

第7章

第8章

例題 序.1 液体と気体の易動性の違いをつかむために，体積を計算しよう．例として水を取り上げる．大気中の気体成分に占める水蒸気の割合は気象条件に大きく依存し，0～3%の間になるが，非常に大雑把に1%と仮定する．そのうえで，大気の平均気温を17℃，水の比重を1とし，水蒸気が理想気体とした場合，液体の水と気体の水蒸気が占める体積は何倍異なるかを計算せよ．気体定数を$R = 8.31 \ \mathrm{m^2 \cdot kg \cdot s^{-2} \cdot K^{-1} \cdot mol^{-1}}$とする．

解答 液体の水が占める体積　$1 \ \mathrm{L} = 10^{-3} \ \mathrm{m^3}$
気体の水蒸気が占める物質量　1 L は 1 kg に相当するので，1,000 / 18 mol
水蒸気の分圧　$101{,}300 \ \mathrm{Pa} \times 0.01 = 1{,}013 \ \mathrm{Pa}$
理想気体の状態方程式 $PV = nRT$ より，

$$V = \frac{nRT}{P} = \frac{1{,}000}{18} \times 8.31 \times \frac{17 + 273}{1{,}013} = 132 \ \mathrm{m^3}$$

ゆえに，$132 \ \mathrm{m^3} / 10^{-3} \ \mathrm{m^3} = 1.32 \times 10^5$ 倍となり，およそ 10 万倍体積が異なる．

●図序.9● 廃棄物最終処分場　建築廃材の代表であるコンクリートくずが最終処分されている[15]

である．

　地域的な公害としてとらえるときは，排出源を特定して因果関係を考察することができる．しかし，地球温暖化の問題に代表される地球環境問題では，火力発電所のような固定型排出源だけではなく，自動車などの移動型排出源や生物の呼吸によっても二酸化炭素 CO_2 が排出されるため，原因物質たる CO_2 の排出源が地球全体である[16]．原因物質が引き起こす環境問題も地球全体に広がっているため，どこか一つの国や地域だけで問題を解決することは不可能である．このような問題の解決には，国際的な協調が必要不可欠である．本書では第5章に地球環境問題を，第6章にエネルギー問題を，第7章に廃棄物問題を，第8章に生態系をそれぞれ取り上げて，それら各種問題の原因となっている化学物質と対策を解説する．

　なお，放射性物質や原子力発電と環境のかかわりについては，今後は環境化学の枠組みでも取り扱われると考えられている．ヒトや環境に影響を及ぼした大きな原子力事故として，たとえば，1999年の茨城県東海村での核燃料製造工場の臨界事故，2011年の東日本大震災・津波による福島第一原子力発電所事故が挙げられる．福島原発事故では，さまざまな放射性物質が環境中に漏洩し，近隣地域では放射性物質の除去（除染）が緊急の課題となった．本書の範囲では，土壌汚染として，放射性セシウム Cs[17] が日本全国に拡散していることが問題となっている．また，廃棄物問題としては，放射性セシウムによる汚染が疑われる廃棄物について，発生した県内に中間処理場を置くことが決まっているだけであり，最終処分地が決まっていないという現状がある．放射性元素

★15　コンクリートくずから鉄筋を取り除いて 0～40 mm 程度に破砕し，路盤材として再利用されることもあるが，新しい材料よりもコストが高い．
★16　原因物質の排出が特定できない排出源を，環境学の用語ではノンポイントソースという．逆に，特定できる排出源のことをポイントソースという．
★17　放射性同位体として，半減期 2 年の ^{134}Cs と半減期 30 年の ^{137}Cs とがある．^{134}Cs は半減期が短いため，強い放射線を放出するが，環境中の濃度の減少速度は大きい．一方，^{137}Cs は ^{134}Cs ほど強い放射線は放出しないが，環境中に残存する年月は長い．

はもともと自然界に存在するが，人間が原子力利用のため人為的に濃縮した核燃料が問題となりうる．何らかの原因でそれが放出された場合，それらの物質がどのように環境中に拡散し，周辺環境とヒトに与える影響がどの程度であるか，明らかになっていない部分も多い．本教科書では詳しく取り扱わないが，興味のある読者は専門書を参考にされたい．

演・習・問・題・序

序.1
環境問題を解決するために力を合わせるべき学問分野としては，どのようなものがあるか．列挙せよ．

序.2
環境問題を引き起こした環境汚染物質を例に挙げて，固体，液体，気体という物質の三態からその環境問題の面的な広がりについて説明せよ．

序.3
日本で発生した主な公害問題を挙げ，その原因となった化学物質を述べよ．

第 1 章

環境汚染物質

　われわれの身の回りには，プラスチック，医薬品，洗剤，塗料，農薬など多くの化学物質があふれており，流通している化学物質は日本国内だけでも数万種類におよぶ．これらの化学物質は，人間の生活にさまざまな利便性を与える一方で，適切な管理がなされない場合は，ヒトや生態系に有害な影響を及ぼす環境汚染物質とみなされる（図 1.1）．環境問題は，原因物質の何らかの化学的性質によって引き起こされることが多いため，それを明らかにできればその対策を考えることができる．そこで本章では，これらの環境汚染物質の性質について紹介する．

KEY 🔑 WORD

化学物質	毒性	公害問題	環境問題	生物濃縮
リスク評価	リスク管理			

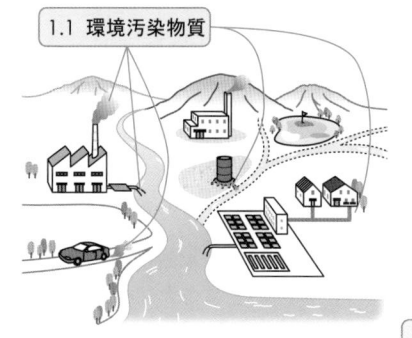
1.1 環境汚染物質

化学物質

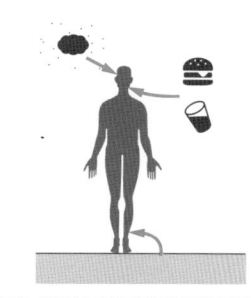

1.5 化学物質の環境リスク評価
1.6 法律・経営面の取り組みとリスクコミュニケーション
1.7 人工化学物質についての三原則

1.2 生態系への影響の認識
1.3 生物濃縮しやすい脂溶性物質の例
1.4 環境ホルモン

●図 1.1● 　環境汚染物質の概念と本章の構成

1.1 環境汚染物質

1.1.1 環境汚染物質の種類

　まず，環境汚染物質を種類や特徴で分類し，そ

れぞれがどのような汚染の原因になるのかを考えよう．見返し（表紙の裏）に周期表を示すので，

折りにふれて参照されたい.

　周期表の見方や規則性についての解説は他書に譲るが, すべての化学物質はこの周期表に掲載されている元素の組み合わせからなるので, 元素そのものの性質が化学物質の性質を大きく左右する.

　無機物は, 金属元素と非金属元素とがイオン結合した塩として存在するものが多く, 金属元素は水中では主に陽イオンとして存在する. 生物は水に溶けた物質を吸収・利用しており, 金属元素については溶解度とイオン化傾向が吸収度合いの目安となる. したがって, 周期表の一番左列, 同じ周期で比較するとイオン化傾向が最大になるアルカリ金属元素のうち, ナトリウムやカリウムなどは余程の高濃度にならない限りは無害である, 一方で, 同じ列の下のほうの元素は生物に対する影響が相対的に大きい. このことは, 序章の序.3.2項で説明した物質の易動性と深く関与する.

　有機物や高分子は炭素が中心となるため, 一般的には炭素に対する共有結合性の強さが物質の安定性を左右すると考えてよい. そして, 安定であるということは, 環境中や体内にいつまでも残留し続けることを意味する. 逆に, 不安定な物質は反応性が高いため, 遺伝子やタンパク質といった生体内物質と反応してその機能を阻害することで, 有害性を発現する.

　近年, ヒトへの健康被害という観点で, 深刻な環境汚染として懸念されているのが, 発ガン性をもつことが指摘されている微量粒子状物質PM2.5 (Particle Matter less than 2.5 μm, 直径 2.5 μm以下の粒子) である. 日本の大気でもしばしば基準値[*1]を超えるPM2.5が観測される (その詳細については3.4.3項を参照). しかし, 中国の都市部では, PM2.5よりも粒径が大きいPM10の大気中の濃度でさえもきわめて高い. たとえば北京市では2016年9月時点でも年平均値 100 μg/m³

を上回り, 世界保健機関 (WHO；World Health Organization) の環境基準の 20 μg/m³ と比べると相当に深刻な環境汚染であることがわかる[*2]. 微細な粒子であるPM2.5は, 中国から偏西風に乗って日本に飛来する越境汚染が起きており, 日本だけでは解決できない環境問題である. このように, 公害問題は解決済みの過去の問題ではなく, 現在も続いている問題であり, 国際的に協調して解決していかなければならない.

1.1.2　環境汚染物質のヒトへの影響

　環境に悪影響を及ぼす化学物質の中には, 間接的または直接的にヒトに悪影響を及ぼすものがある. 代表的な環境汚染物質の例を表1.1に示す.

　図1.2に, 人間活動による化学物質の排出の経路の例を示す. 公害を引き起こすほどの深刻な汚染ではなくても, 日常的に人間は環境中に化学物質を排出し, 小さな環境汚染を引き起こしていることが読みとれる.

　また, 図1.3にヒトへの化学物質の曝露経路を示す. さまざまな経路より排出された多種多様な化学物質は, ヒトに対して大気や水, 食物等から直接的または間接的に摂取・曝露される. 以上のような悪影響の相互関係は, 図序.6に示したとおりである.

　化学物質の製造と使用によるヒトの健康と環境への著しい悪影響の最小化を目指すこと, 達成期限を2020年とすることが, 2002年の持続可能な開発に関する世界サミットで定められ, 国際的な化学物質管理の必要性が認識されてきている.

[*1]　日本のPM2.5の環境基準は, 1年平均 15 μg/m³ 以下かつ1日平均 35 μg/m³ 以下である.
[*2]　固体であるPM2.5の大気中の濃度の単位は [μg/m³] であり, 1 m³ 中に存在する質量 [μg] という意味である. 他方, 一般的な気体状の大気汚染物質の大気中での濃度は, 1 m³ 中に存在する量を質量 [μg] で表現するよりも, 体積 [cm³] で表現するほうが便利であることが多い. つまり, [cm³/m³] という単位になる. これは 10^{-6} が 100 万分の 1 であることから, parts per million つまり [ppm] という単位で表示する. たとえば, 第5章で扱う地球温暖化の原因となっている二酸化炭素の大気中での濃度は, 400 ppm を超えている. 大気中での濃度が二酸化炭素よりも高い気体として, たとえば酸素の濃度は大気中ではおよそ 21 % となっている.

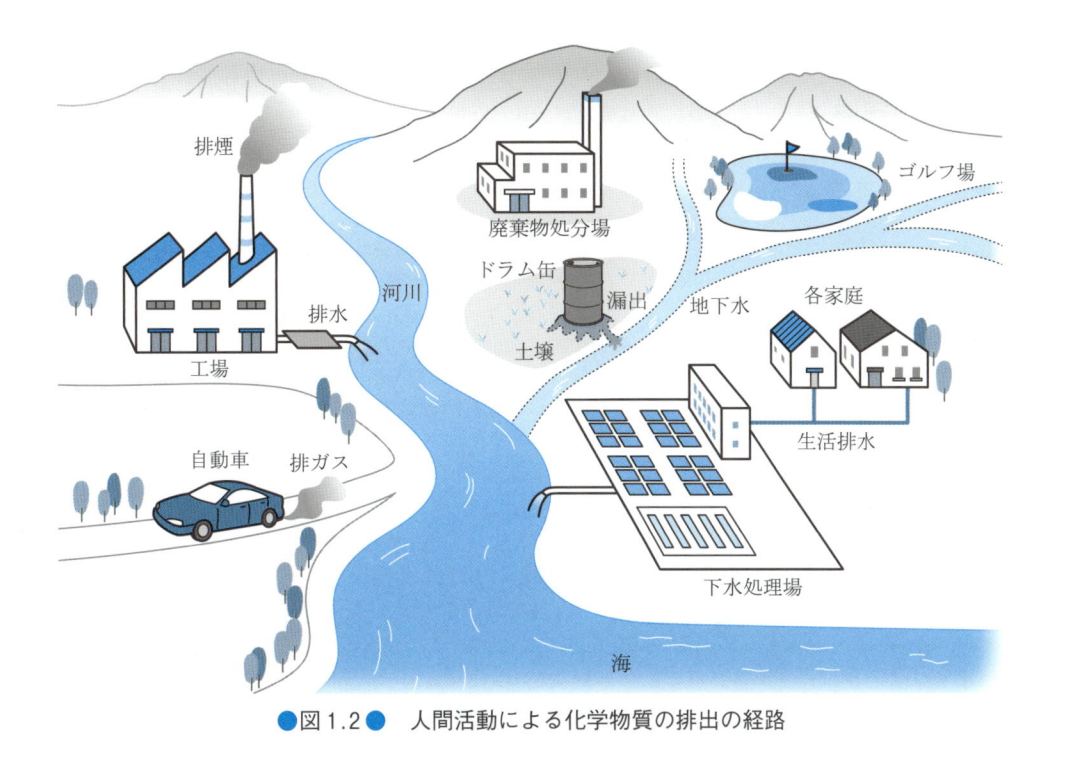

●図1.2● 人間活動による化学物質の排出の経路

序章
第1章
第2章
第3章
第4章
第5章
第6章
第7章
第8章

■表1.1■ 代表的な環境汚染物質

有機物	ヒトへの毒性
芳香族	発ガン性
フェノール類	発ガン性
炭化水素	炎症
有機リン化合物	神経毒性
有機水銀化合物	神経毒性
有機スズ化合物	発ガン性
界面活性剤	炎症
廃油	炎症
微生物（O-157，クリプトスポリジウムなど）	消化器疾患
重金属	腎不全
シアン化合物	窒息
SO_x（硫黄酸化物）	呼吸器障害
NO_x（窒素酸化物）	呼吸器障害
光化学オキシダント	呼吸器障害
廃酸	炎症
廃アルカリ	炎症
一酸化炭素	窒息
浮遊物質（アスベスト，PM）	呼吸器障害

ここでは微生物や浮遊物質も広義の物質として扱う.

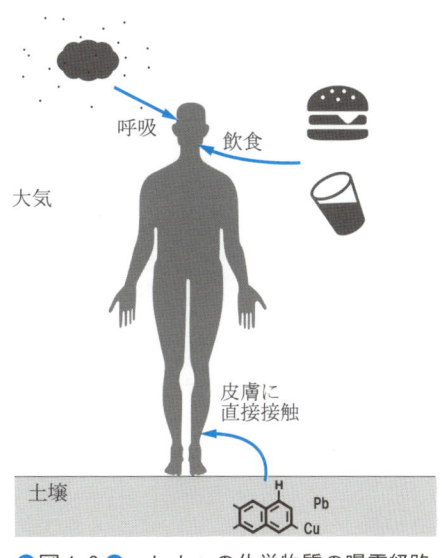

●図1.3● ヒトへの化学物質の曝露経路

 **1.1** PM 表面への大気汚染物質の吸着量は，比表面積に比例するものとする．PM10 と PM2.5 では，大気汚染物質の吸着量は何倍異なると予想されるか．

解　答 PM10 の粒径 10 μm，1 粒子の体積あたりの比表面積 $[m^2/m^3]$ を計算する．

$$\frac{4 \times \pi \times (10 \times 10^{-6}/2)^2}{4/3 \times \pi \times (10 \times 10^{-6}/2)^3} = 6.0 \times 10^5 \ m^2/m^3$$

PM2.5 の粒径 2.5 μm，1 粒子の体積あたりの比表面積 $[m^2/m^3]$ を計算する．

$$\frac{4 \times \pi \times (2.5 \times 10^{-6}/2)^2}{4/3 \times \pi \times (2.5 \times 10^{-6}/2)^3} = 2.4 \times 10^6 \ m^2/m^3$$

したがって，PM10 よりも PM2.5 のほうが，4 倍多くの大気汚染物質を吸着していると予想される．

例題 1.2 大気中の酸素濃度（21 %）を ppm 単位に換算せよ．

解　答 % は百分率であるから 10^{-2}，ppm は百万分率であるから 10^{-6} である．よって，酸素濃度 21 % は $21 \times 10^{-2} = 21 \times 10^4 \times 10^{-6}$ と換算できるので，210,000 ppm ということになる．逆の換算，つまり ppm を % 表示するには逆の計算をすればよい．また，次の例題 1.3 で示すように，ppm は溶液中の溶質の濃度の単位にも使われることがある．それと区別するため，混合気体中の特定の気体の濃度を表す場合，ppmv と表すことがある．v は体積（volume）の v である．

例題 1.3 例題 1.2 に示したように，ppm という単位は，溶液中の溶質の濃度の表示にも用いられる．1 ppm の場合，1 L の溶液中に含まれる溶質の質量は何 mg か．

解　答 希薄な水溶液の場合，1 L の溶液の質量はほぼ 1 kg とみなせる．よって，$1 \ kg/10^6 = 1 \ mg$ となる．

例題 1.4 ppm よりも希薄な濃度の表示に使われる単位として，ppb がある．b は billion $= 10^9$ であり，ppb は 10^{-9} を意味する．それでは，1 ppb の溶液は何 μg/L になるか．

解　答 $1 \ ppb = 10^{-9} \times 10^3 \ g/L = 10^{-6} \ g/L = 1 \ μg/L$

1.2 生態系への影響の認識

　序章で述べたように，ヒトに対して深刻な被害を及ぼす事件・事故の発生により，日本を含め先進諸外国では公害防止に関して，さまざまな対策を立て，実行した．しかし，人間活動によって発生する環境汚染物質が生態系に与える影響については，ヒトに対する影響に比較して近年まであまり深刻に考えられてこなかった．図 1.4 にヒトの環境，生態系に対する位置づけを示す．ヒトも生態系を構成する生物の一つであることから，生態系に対する悪影響を予防することは，非常に重要な課題である．

　ある地域に生息するすべての生物と周囲の環境を一つのまとまり（生態系）としてとらえれば，生態系は，エネルギーの流れや物質循環に着目した一つのシステムと見なせる．

　生態系の中には，植物があり，植物を食べる動物があり，さらにその動物を食べる肉食動物があり，というように食物として生物どうしがつなが

●図1.4● 環境，生態系に対するヒトの位置づけ

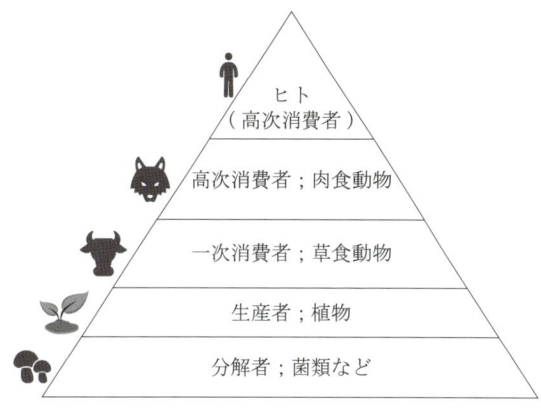

●図1.5● 生態系ピラミッド

っている．そのつながりをとらえる範囲は，一つの池，河川流域，熱帯雨林，地球全体等さまざまなスケールを想定できる．

　生態系でのエネルギーの流れや物質循環に着目すると，生物は生産者・消費者・分解者に分類できる．緑色植物やクロロフィルをもつ細菌は，無機物から有機物を生産するので生産者といい，動物は生産者が作った有機物を摂食して生活するので消費者という．消費者は，植物を栄養とする一次消費者，一次消費者を摂食する二次消費者，三次消費者等に分けられる．また，多くの菌類や細菌類は，生物の遺体や排出物を分解することによって生活しているので，分解者という．このよう

に，生態系を構成する生物は捕食・被食という関係で連続的につながっており，そのつながりを食物連鎖という．栄養段階が一段上がるごとに，より大きな動物になるため，生物の個体数は栄養段階の上昇とともに指数関数的に減少する．この分布を積み上げるとピラミッドの形になるので，これを生態系ピラミッドという．

　図1.5に生態系ピラミッドを示す．現在，ヒトは高次消費者であると同時に生態系ピラミッドの頂点に位置し，生態系のはたらきによって作り出された酸素や二酸化炭素，水，食糧，そのほかエネルギーや資源などによって支えられている．ヒトを支えるためには，多くの高次消費者が必要となり，さらにそれら高次消費者を支えるために，より多くの一次消費者，生産者が必要となるという構図が，このピラミッドからわかる．これについては，8.3節でさらに詳しく学ぶ．

1.3 生物濃縮しやすい脂溶性物質の例

　生態系内の生物は食物連鎖でつながっているため，上位の生物が下位の生物を捕食するときに，代謝されにくい化学物質が蓄積される．1.2節で述べたように，生態系ピラミッドを構成する各栄養段階の生物数は，下位にいくにしたがって指数関数的に増大する．逆に，代謝されにくい化学物質の濃度は，上位にいくに従って指数関数的に上

昇し，100万倍以上に濃縮されることもある．このような現象を生物濃縮とよび，これを引き起こす物質の例をいくつか説明する．

1.3.1 DDT

　1874年に初めて合成されたDDT[3]は優れた殺虫効果を示し，合成が容易で値段も安かった．ま

★3　dichloro-diphenyl-trichloroethane

た，哺乳類に対する急性毒性がきわめて低く，散布後も安定で効果が長期間持続する等の理由から理想的な殺虫剤として広く用いられた．しかし，その特徴は逆に環境中に長期にとどまることを意味する．また，他の有機塩素化合物と同様に脂肪組織中によく蓄積され（脂溶性物質），水にはほとんど溶解しないため，生体外に排出されにくい．この特徴により，食物連鎖が 1 段階進むごとにおよそ 10 倍の生物濃縮を受け，濃度が容易に数万倍まで上昇する．DDT の化学構造を図 1.6 に示す．日本では，世界に先駆けて 1971 年に使用禁止となった．

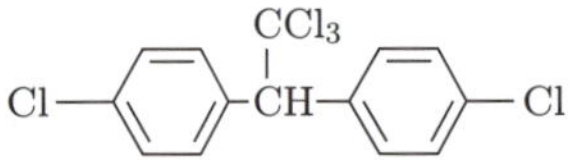

●図1.6● 　 DDT の構造式

1.3.2 　PCB

PCB（polychlorinated biphenyl, ポリ塩素化ビフェニル）は，ベンゼン環が二つ結合した骨格に塩素が最大で 10 個結合している化合物の総称である．図 1.7 に PCB の構造式を示す．PCB は残留性有機汚染物質[*4] の代表的な化学物質であり，これらの物質は自然界で分解されにくく，わずかに揮発する．PCB は日本では 1954 年から工業的な生産が始まった．熱安定性，電気絶縁性，抗酸化性に優れた物質であるため，溶剤，熱媒体油，電気絶縁体等に広く使用された．脂質に溶解しやすく安定であるため，いったん生物中に取り込まれると，脂肪組織に蓄積され，食物連鎖を通して濃縮され，急性，慢性の悪影響を及ぼす．このため，日本では 1974 に使用が禁止された．

1980 年代になって，PCB が極地のアザラシやオットセイから検出されたり，北極圏に暮らすイヌイットの母乳に高濃度で含まれたりすることが

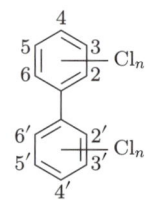

●図1.7● 　 PCB の構造式

わかった．PCB 等の POPs が揮発して大気の流れに乗って移動し，気温の低い極地等で凝縮して地面に到達・蓄積するためである．

POPs は，全般的に同じ問題を引き起こすことがわかり，全廃・削減が現在検討されている．2001 年に通称 POPs 条約（残留性有機汚染物質に関するストックホルム条約）が採択され，環境中での残留性が高い化学物質の削減や使用停止に向けて努力することが定められた．

1.3.3 　ダイオキシン類

コプラナー PCB は PCB の異性体で，基本骨格であるビフェニルの 3, 4, 3′, 4′ 位の水素 H が塩素 Cl に置換した化合物を基本とし，さらに 5 あるいは 5′ 位が塩素に置換されたものである[*5]．2, 2′, 6, 6′ 位（3, 3′, 5, 5′ に対するオルト位）に塩素があると，原子どうしがぶつからないように二つのベンゼン環がねじれた構造をとる．5, 5′（4, 4′ に対するオルト位）に塩素がない場合は，原子どうしがぶつからないため，二つのベンゼン環は共役することにより平面構造を保つ．この平面構造をとる PCB は，その他の PCB よりも強い毒性を示す[*6]．WHO では，ポリ塩化ジベンゾパラジオキシン（PCDD）とポリ塩化ジベンゾフラン（PCDF）に加え，同様の毒性を示すコプラナーポリ塩素化ビフェニル（図 1.8 のコプラナー PCB）をダイオキシン類として定義している．

これらのダイオキシン類は，きわめて強い毒性があり，また分解されにくいため，通常の生活における微量な摂取によっても大きな影響を及ぼす

★4 　 POPs；persistent organic pollutants
★5 　 メタ位とパラ位に塩素がある PCB．オルト位に塩素がない PCB．
★6 　 一般に，平面構造をもつ芳香族化合物は，DNA の螺旋構造の隙間に侵入しやすく，遺伝子を変性させ，毒性を発現する．

可能性がある。人類が作り出した最強の毒物とも
いわれ，青酸カリの約 1,000 倍，サリンの約 2 倍
強い致死毒性をもつ。しかし，致死量以上を摂取
してもすぐに死ぬことはなく，1 週間以上かけて
ゆっくりと死に至る遅延性致死毒性を示す。これ
は，ダイオキシン類が甲状腺を壊死させるので，
細胞の代謝を促進する甲状腺ホルモンが減少し，
その結果徐々に細胞が栄養素を利用できなくなる
ためである。

ダイオキシン類は微量で強い毒性を示すので，
ヒトが一生摂取しても健康障害が生じない摂取量
として，一日あたり体重 1 kg あたりで表した耐
容一日摂取量が定められている。日本では 4 pg-
TEQ/kg と定められ[*7]，WHO では 1 pg-TEQ/kg
を目標値としている[*8]。日本のダイオキシン類の
一日摂取量の摂取経路の割合を，図 1.10 に示す。
98％以上が食品由来となっていることがわかる。

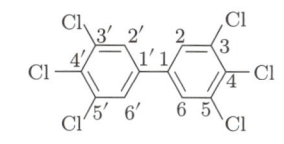

●図 1.8 ● 3, 3′, 4, 4′, 5, 5′-コプラナー PCB の構
造式

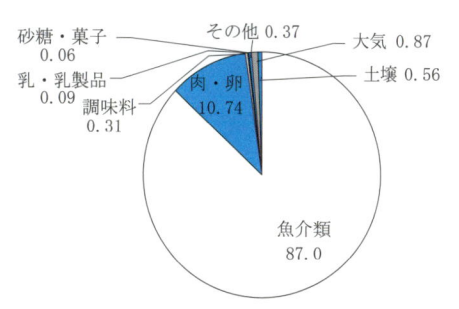

●図 1.10 ● 日本のダイオキシン類の一人一日摂取
量（単位は％）[1]

例題 1.5 ダイオキシンの一種である 2,3,7,8-TCDD，1,2,3,7,8-PCDD の TEQ はそれぞれ 1，0.5 で
ある。ある地点の排煙について 2,3,7,8-TCDD，1,2,3,7,8-PCDD の濃度がそれぞれ 1 pg/m^3
であるとき，合計の毒性等価換算濃度（pg-TEQ/m^3）はいくつになるか。

解答 $1 \times 1\,\text{pg/m}^3 + 0.5 \times 1\,\text{pg/m}^3 = 1.5\,\text{pg-TEQ/m}^3$

1.4 環境ホルモン

環境ホルモンは，正式には内分泌かく乱化学物
質という。図 1.11 に示すように，ヒトの体内に
はさまざまなホルモン類が存在するが，それらに
似た構造や性質をもつ化学物質が，環境中に存在
し，生体に対してホルモン類と似たような作用を
示す。

現在，ノニルフェノールやビスフェノール A な
どダイオキシン類を含む約 70 種類の化学物質が
環境ホルモンと疑われている。これらの物質の一
部をラットやマウス等に投与すると，オスのメス
化等の深刻な影響が確認されていて，ヒトにも類
似の影響を起こす可能性が指摘され，人類の次世

代への影響が懸念されていた．しかし最近では，ヒトに対して直接に致命的な影響を及ぼすことはほとんどないことが明らかになりつつあるため，この問題に対して過剰に反応する必要はない．ただし，生態系に対する影響とその大きさについては，いまだに不明な点が多く，精力的な研究の進展が待たれる．環境省は 2005 年に ExTEND2005[*9]を策定し，化学物質の内分泌かく乱作用に関する取り組み方針をまとめている．

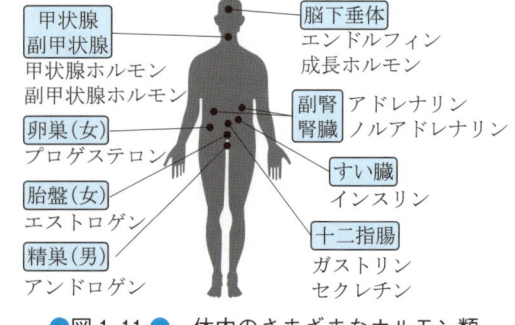

●図 1.11 ●　体内のさまざまなホルモン類

1.5 化学物質の環境リスク評価

　化学物質によるヒトや生態系への影響を未然に防止するためには，多くの化学物質を対象として，その生産や使用，廃棄等の方法について，有害な影響（環境リスク）があるかどうかの評価を行い，その結果に基づいて適切な環境リスク対策を講じていく必要がある．より細かな分類では，ヒトに対する影響を健康リスク，他の生物に対する影響を生態リスクという[*10]．

　化学物質の環境リスク評価のための知見を収集するため，2002 年度に環境リスク初期評価等についてデータがとりまとめられた．対象となった化学物質は 69 種類に及んだが，それらすべてが人間活動に由来して発生した化学物質であり，自然界には本来存在しないか，存在しても極微量のものであった．また，生態系への影響に関する知見を充実させるため，1995 年から経済協力開発機構（OECD）のテストガイドラインをふまえて藻類，ミジンコおよび魚類を用いた生態影響試験（OECD 3 点セット；図 1.12）が導入された．このような試験をバイオアッセイという．最近では，全世界的には従来のヒメダカよりも感受性の高いゼブラフィッシュなどの魚類が用いられている．また，ミジンコについても，繁殖の速度がオオミ

ジンコよりも 3 倍程度大きいニセネコゼミジンコが用いられるようになってきている．

　生物を使った直接的な化学物質の影響試験は，得られる結果に説得力があるため，広くリスク評価の分野で用いられるようになってきている．しかし，個体差が大きい，2 種類以上の化学物質の複合的な影響が発生した場合に結果の解釈が難しいという欠点がある．このため，バイオアッセイは厳密にコントロールされた試験環境で，統計学的に有意差が検証できるように行われる必要がある．

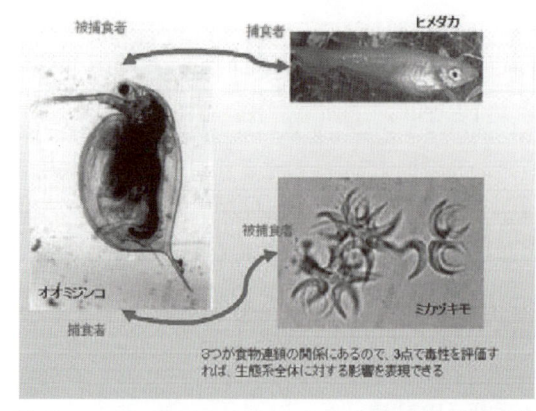

●図 1.12 ●　OECD 3 点セットによる生態影響評価の意味

★9　Enhanced tack on endocrine disruption の略．「化学物質の内分泌かく乱作用に関する環境省の今後の対応方針について」と題される報告書のことである．1998 年の SPEED'98 を改訂し，1）野生生物の観察，2）環境中濃度の実態把握および曝露の測定，3）基盤的研究の推進，4）影響評価，5）リスク評価，6）リスク管理，7）情報提供とリスクコミュニケーション等の推進，という七つの柱に沿って対策を推進していくことを示している．
★10　生態と生体の使い分けは，生体というとヒトが含まれ，生態というと通常ヒトが含まれない．

ヒトに対する有害性を評価する水質検査には，従来の化学分析による濃度の測定では不十分で，たとえば，池にコイを飼ってその動きを調べる魚類の急性遊泳阻害試験や，ヒト由来細胞の種々の応答を利用して有害性を評価する方法が必要になる．とくに後者の方法は，ヒトに対する有害性を直接的に把握したいときには必要であるが，まだ確立された手法は存在しない．前者の方法は直感的に水質の良し悪しを判断しやすい．

図 1.13 に示すような河川水質事故による魚の異状死が，時折報道される．一口に河川水質事故といっても，急性毒性をもつ化学物質の流出なのか，局所的な貧酸素状態によるものなのか，原因は多種多様であり，単純に魚の異状死のみから原

●図 1.13 ● 河川水質事故による魚の異状死[2]

因を追求することは難しい．しかし，排水を停止するなどの一時的な対策を速やかにとるために，前述の急性遊泳阻害試験が有効になる場面は多い．

1.6 法律・経営面の取り組みとリスクコミュニケーション

1.6.1 法的規制

PCB による環境汚染の問題を契機として，1973 年に化審法（化学物質の審査及び製造等の規制に関する法律，序.2.3 項参照）が制定され，新たに製造，輸入される化学物質に対して，事前に審査を行い，化学物質の性状に応じて規制が定められることになった．

近年では，PCB だけではなく，すべての化学物質によるヒトおよび環境への影響を最小化することが必要となってきた．日本では 2009 年に化審法が改正され，2011 年からすべての化学物質に対する管理制度が導入された．また，化管法（特定化学物質の環境への排出量の把握等及び管理の改善の促進に関する法律）が制定され，企業などによる化学物質の自主的な管理の改善を促し，環境保全上の支障を未然に防ぐことを目的としており，PRTR 制度[*11] と（M）SDS[*12] 制度の二つからなっている．図 1.14 に，化学物質の PRTR での届出排出量・届出外排出量上位 10 物質とそ

の排出量を示す．トルエンやキシレンといった揮発性有機溶剤が圧倒的に多い．

また，欧州連合（EU）では，次のようなより厳しい政策がとられている．2006 年の RoHS 指

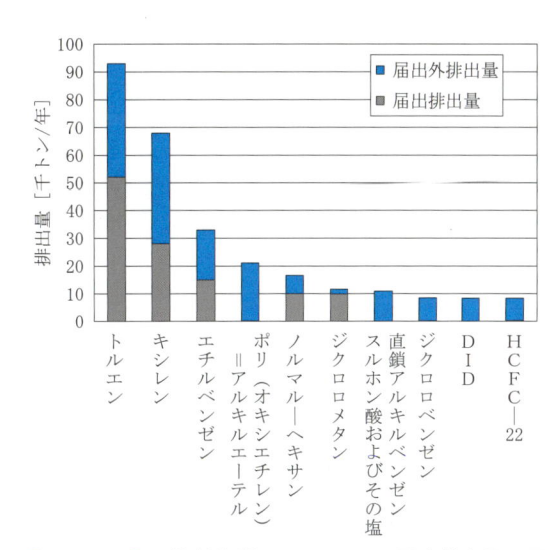

●図 1.14 ● 化学物質の PRTR での届出排出量・届出外排出量上位 10 物質とその排出量[1]

★11　pollutant release and transfer register，化学物質排出移動量届出制度．化学物質の発生源からどれくらいの量が環境中に放出され，製品として移動し，廃棄物として廃棄されたかというデータを，事業者が把握して国に届け出る．
★12　material safety data sheet，化学物質等安全データシート．化学物質について安全性や毒性，取り扱い方法などの情報を記載した書類であり，出荷の際に使用者に交付される．最近では Material に限らないので，はじめの M をカッコ書きで書くことが多くなっている．

令[*13] では，工業製品に対する規制が強化された．これは，製品とヒトとの接触や誤飲その他による深刻な健康被害を防止することを目的としており，鉛，水銀，カドミウム，六価クロム，ポリ臭素化ビフェニル，ポリ臭素化ジフェニルエチルの 6 項目が実質的に使用禁止された（含有量の上限がきわめて低く定められた）．そのため，電子製品で広く使われているはんだは，鉛フリーはんだが一般的になっている．また，すべての化学物質を対象とした **REACH 規則**[*14] が 2007 年に施行され，ヒトの健康や環境の保護のため化学物質とその使用を規制している．日本独自の化審法も同じような目的だが，REACH の規制基準がより厳しいこともあり，欧州に製品を輸出するような自動車産業をはじめとする日本国内の産業は，その対応に迫られている．

1.6.2　企業経営の取り組み

化学工業界では，**レスポンシブルケア活動**といって，化学製品の開発，製造，運搬，使用，廃棄に至るすべての段階で，環境保全と安全を確保することを約束する業界の自主的な活動を，1995年から始めている．とくに，近年**企業の社会的責任**（**CSR**：Corporate Social Responsibility）への関心が高まり，**エコファンド**に代表される**社会的責任投資**（**SRI**）の考え方も広がっている．こうした環境に配慮した企業や投資先に自分のお金を投資したいと考える投資家のことを，**グリーンインベスター**（緑の投資家）といい，環境格付融資の融資金額も図 1.15 に示すように年々増えてきている．また，消費者側でも環境に配慮した製品を買う**グリーンコンシューマー**という考え方が広がりを見せており，各企業にもそれに対応した努力が求められるようになってきている．

環境改善の仕組みとして環境マネジメント制度を企業が推進するのが当たり前の時代になり，ISO14001 という環境マネジメントシステムとして代表的な国際規格も，わが国では上場企業の 8

割が取り組むようになってきた．2005 年には環境配慮促進法が施行され，国や公共性の高い事業者などは環境配慮の状況を公表することが定められ，一般企業でも環境報告書を公開するようになっている．

さまざまな製品の環境に対する負荷低減の一つの方法として，環境配慮型製品の判定基準を定め，それに見合う製品に環境ラベルをつけ，グリーンコンシューマーに購入を促すというやり方がある．日本では，図 1.16 と図 1.17 にそれぞれ示す**エコマーク**や再生紙使用マークがそれに該当する．

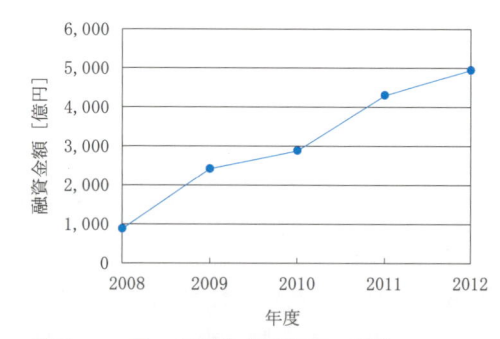

●図 1.15 ●　環境格付融資額の推移（［3］を基に筆者作成）

●図 1.16 ●　エコマーク

●図 1.17 ●　再生紙使用マーク

1.6.3　リスクコミュニケーション

ある特定のリスクに関する情報を利害関係者の間で共有し，対策を進めてリスクを低減することを，**リスクコミュニケーション**という．前述のPRTR もその一つである．

たとえば，近年，都市近郊の工場は住宅地と近接していることがあるが，そのような場合，近隣

---

*13　ローズ（restriction of hazardous substances）指令．電気・電子製品中の特定化学物質の使用制限．
*14　registration, evaluation, authorization and restriction of chemicals.

住民との対話を通じた信頼関係の醸成が必要になることも多い．排出する化学物質のヒトや生態系に与える被害や損失のリスクを説明することは，リスクコミュニケーションの一つである．また，大規模な工事やインフラ整備にともなって実施することが求められている環境影響評価（環境アセスメント）についても，近隣住民への説明会や住民参加型の活動も実施され，これもリスクコミュニケーションの一つである．

リスクコミュニケーションに際しては，近隣住民の多くは化学に関してそれほど多くの知識をもっていないという前提に立ち，専門用語を排除して，わかりやすく平易な表現でリスクを伝える必要がある．

1.7 人工化学物質についての三原則

人工化学物質は，開発した当初には予測もしなかった副作用をもつことがある．医薬品を例にとると，かつて妊婦のつわりを抑える治療薬としてサリドマイドが使用されたことがあった．これを服用した母親から，手足に奇形や欠落をもつ急性新生児障害の子供が生まれた．使用禁止措置がとられるまでに，奇形児の出生数は全世界で約1万人，ドイツ一国だけでも5,000人に達した．一方，米国では安全性が疑問視され，サリドマイドは市販されなかった．人工化学物質の使用原則の違いが明暗を分けた

環境中にはすでに多くの人工化学物質が存在するが，これらの物質の取り扱いについては，以下の三つの原則を守ることが重要である．

1) 有害物質，環境汚染物質，難分解性物質等の生産は必要最小限に抑える
2) 有害物質等を排出，拡散させない．発生初期段階で早期除去する
3) 有害物質等を分解，無害化する

2) については，社会全体の義務であり，行政や企業が協力するPRTR制度等も有効な方策となる．1) と3) については化審法による強い規制が重要だが，研究，製造，取り扱いをする者も，職業倫理として遵守すべきである．研究開発に携わる学者，研究者，技術者，学生はもちろんであるが，経営者，自治体や政府，マスメディア，市民も共通の認識をもち，一体となって協力して取り組むことが望ましい．新しい化学物質に関しては，化審法によってその安全性を審査することが必要になっている．しかし，主製品の副産物として極微量の有害物質が生成される場合，研究段階では見逃していても，大量生産時には無視できない影響となるので注意が必要である．

1.8 自然由来の環境汚染物質

火山はさまざまなガスを放出する．2000年に，三宅島大噴火で大量の二酸化硫黄が排出された．二酸化硫黄 SO_2 は第3章でも述べるが，酸性雨の代表的な原因物質である．

また，土壌にはかなりの量の重金属が不安定な形態で存在する．たとえば，ヒ素 As は，ヒトに対してかなり強い有害性をもつ物質である．最近でも，地下鉄や高速道路のような大規模なインフラ工事で掘削残土とともに大量のヒ素が掘り出されることがあり，これの処理の仕方を誤ると大き

な環境汚染の原因にもなりうる．より大規模な例では，バングラデシュの地下水には自然の地質由来のヒ素による汚染があることが知られている．国土全体にわたって問題が見られ，中毒が懸念される濃度で検出されることもある．

人為的な化学物質だけではなく，自然由来の化学物質も，場合によっては重大な環境汚染の原因になりうることを念頭においておく必要があるだろう．

演・習・問・題・1

1.1

ダイオキシンとはどのような物質で，どのような害があるか．

1.2

次の文章のカッコ内を埋めよ．

　食物連鎖による化学物質の生物濃縮によって，海水中の PCB がわずか 0.0001 ppb であっても，植物プランクトン，動物プランクトン，魚，イルカと上位の生物になるにつれて，PCB の体内濃度は約（　a　）桁ずつ上昇していき，イルカでは約 10,000 ppb にも達する．HCH（ヘキサクロロシクロヘキサン）という残留・蓄積性化学物質が動物プランクトン中に 0.1 ppb の濃度で検出され，同じ割合で生物濃縮が起きるとすると，HCH の海水中濃度は（　b　），イルカ体内中の濃度は（　c　）に達すると予想される．

第 2 章

水環境

水は，生命活動を維持するうえできわめて重要な役割を果たしており，また人間活動にとっては，文明が水辺で発達したことに象徴されるように**社会基盤**でもある．水環境が悪化するとわれわれの生活に影響を与えるとともに，すべての生物に対して深刻な問題を引き起こす．**都市化や工業化**は水が本来もつ**自浄能力**を超えた負荷を生み，水質汚濁は量・質のいずれも大きく，複雑な問題になっている．水の資源としての重要性がますます高まる中，水環境汚染をいかに防ぐか，いかに浄化するか，を学ぶ必要がある．本章では，水資源，および水質問題とその無害化のための工学的技術を主に取り扱う（図 2.1）.

KEY WORD

水資源	水質汚濁	環境基準	浄水処理	排水処理

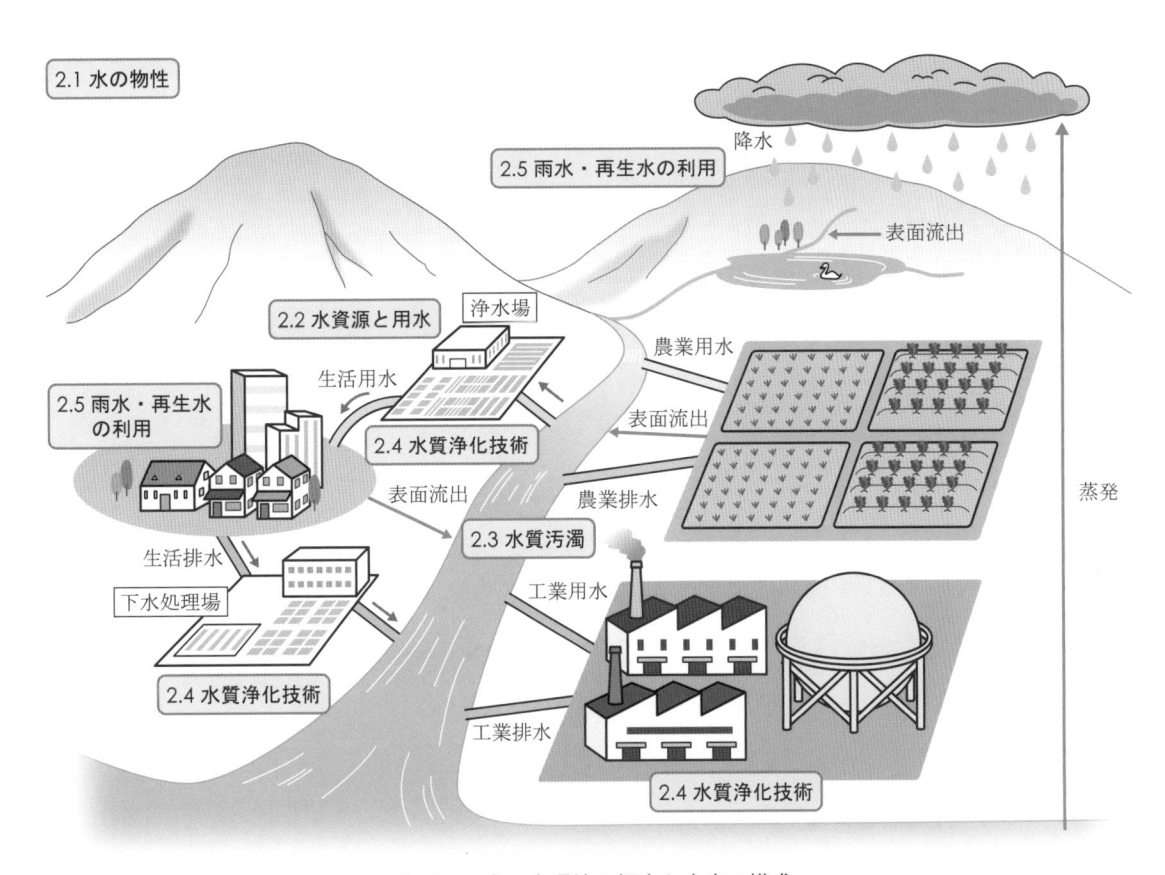

●図 2.1 ● 水環境の概念と本章の構成

2.1 水の物性

　水は普遍的に存在する非常に身近な物質であり，多くの人々はその性質にはとくに疑問をもたずに接しているのではないだろうか．しかしながら水は，実は他の化合物と比べてユニークな物質といえる．

　水は水素原子2個と酸素原子1個の化合物であり，その分子は小さい．一方で，分子の間にはファンデルワールス力などのさまざまな引力がはたらくが，水分子の間ではとくに水素原子と酸素原子の間にはたらく水素結合があり，結果として同程度の分子量の分子（たとえばメタンなど）よりも沸点や融点がきわめて高いという特徴をもつ．

　また，固体の氷の密度は液体の水の密度より低く，氷が水に浮くこともその特徴の一つである．この結果，寒冷地の河川や湖沼，あるいは海域の表層部に氷が形成されたとしても，必ずしも深部は凍結せず，水生生物の生育環境が保たれる．

2.2 水資源と用水

　人間が日常生活で直接的に使う水は基本的に淡水である．では，この淡水は地球上にどの程度存在するものであろうか．図2.2は地球上の水の分布を推定した例である．図より，地球上の水のほとんどが海水（約98％）であり，また残る淡水も，その約7割が雪氷であることがわかるだろう．また，雪氷以外の淡水の大部分を占める地下水も，利用しやすいものは決して多くない．水の惑星といわれるように，地球には確かに大量の水が存在するが，淡水の量，さらに利用が容易な量はごく

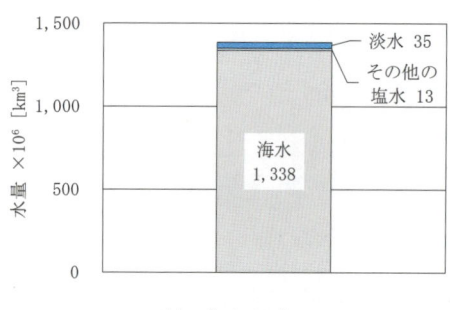

(a)　すべての水

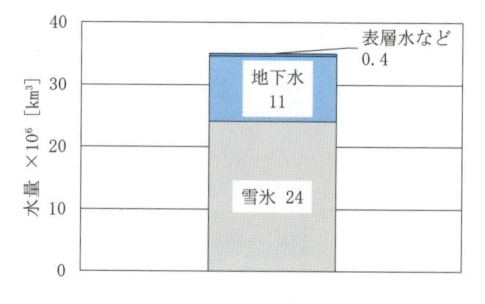

(b)　図 (a) のうちの淡水

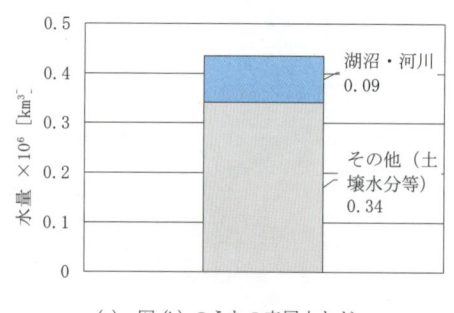

(c)　図 (b) のうちの表層水など

●図2.2●　地球上の水分布

[1] を基に筆者作成

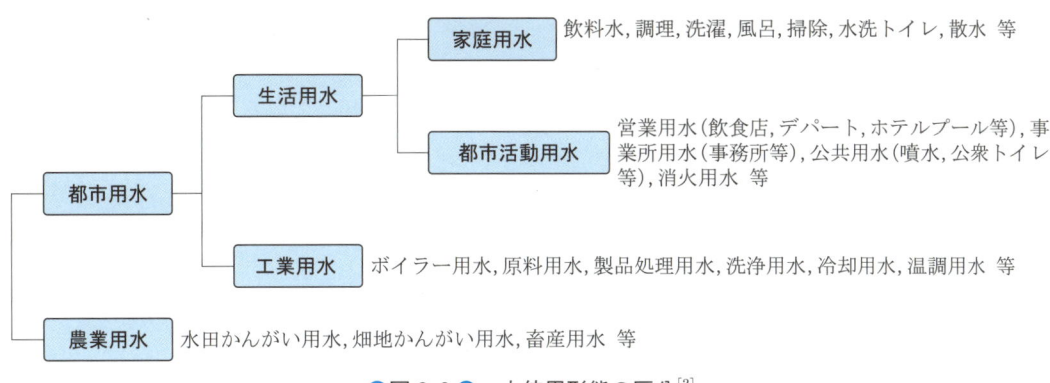

●図2.3● 水使用形態の区分[2]

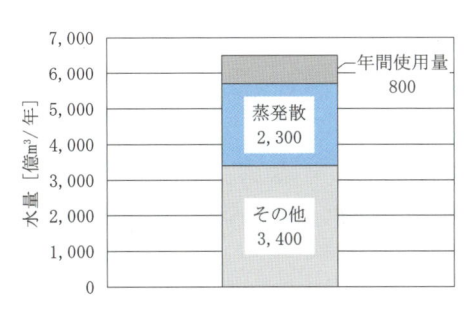

(a) 降水のゆくえ

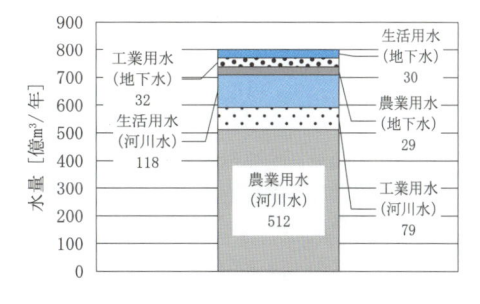

(b) 使用量の内訳

●図2.4● 日本の水資源使用量

（[2] を基に筆者作成）

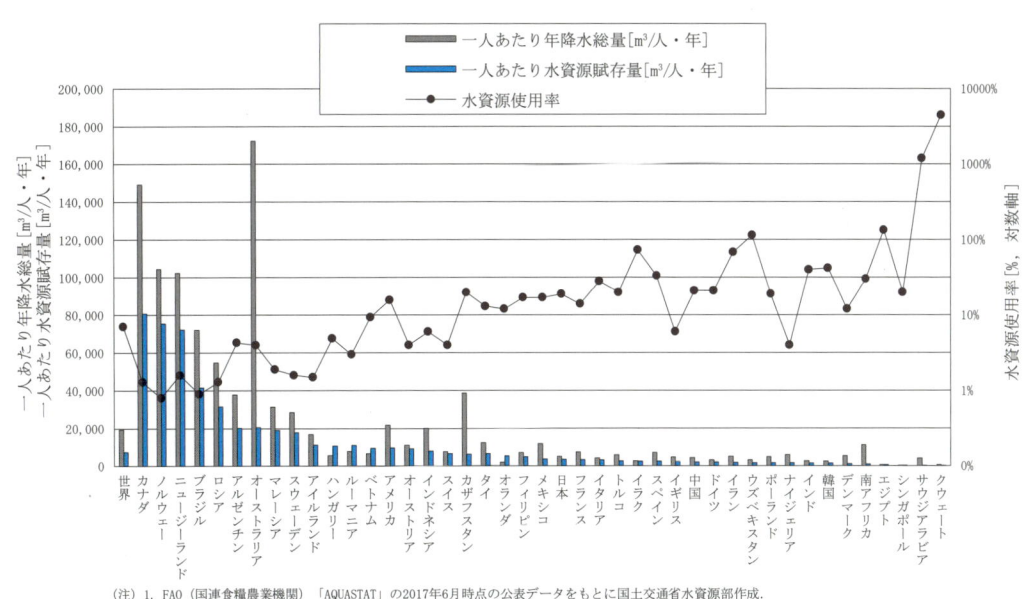

(注) 1. FAO（国連食糧農業機関）「AQUASTAT」の2017年6月時点の公表データをもとに国土交通省水資源部作成.
2. 一人あたり水資源賦存量は，「AQUASTAT」の[Total renewable water resources(actual)]をもとに算出.
3. 「世界」の値は「AQUASTAT」に[Total renewable water resources(actual)]が掲載されている200カ国による.

●図2.5● 世界の降水量，水資源量と水資源使用率

（[2] を基に筆者作成）

わずかである．一方，水は循環資源である．このため，後述の降水など，ある時間でどの程度の循環供給がなされるのかという点も，資源としてみるうえできわめて重要となる．

人間社会において水はどのように使われているのであろうか．日本を例にとってその様子を見てみよう．まず，さまざまな水使用形態の分類を図2.3に示す．農業用水は水田かんがい用水のほか，畑地かんがいや畜産業など，工業用水はボイラー用水や原料用水，製品処理用水，冷却水など，生活用水は家庭用水や営業用水，公共用水，消火用水などの都市活動用水として用いられている．図2.4は，この分類をふまえた日本の水収支を示し

たものである．とくに年間使用量は 800 億 m³ である．この図より日本では降水量の約 12% を産業や生活に使用していること，またそのうちの約 68% が農業用水，約 19% が生活用水，約 14% が工業用水として用いられていることがわかる．日本の産業や生活を支えるうえで，降水によって供給される淡水が大きな役割を果たしている．一方で，図2.5は世界の一人あたりの降水量，水資源量と水資源使用率を示したものである．台風が到来するモンスーンアジア気候の日本であっても，世界と比較すると必ずしも水資源量が豊富ではないことがうかがえる．

例題 2.1 日本の総人口を 1 億 2,700 万人と仮定した場合，工業用水，農業用水，および生活用水を合計した一人一日あたりの年間水資源使用量はいくらか．また，日本の年平均降水量に対する使用量の割合は何%か．さらに，生活用水，工業用水，農業用水の全使用量に対する地下水の割合は何%か．すべて図2.4を用いて算出せよ：

解答 図2.4(a) より，年間使用量は 800 億 m³ である．したがって，一人一日あたり使用量は $800/(1.27 \times 365) = 1.73$ m³/日となる．また，総降水量は図2.4(a) より $800 + 2,300 + 3,400 = 6,500$ 億 m³ であり，これに対する使用量の割合は $(800/6,500) \times 100 = 12$% と算出される．さらに，全使用量に対する地下水使用量は，図2.4(b) より，$\{(30 + 32 + 29)/800\} \times 100 = 11.4$% となる．

2.3 水質汚濁

水を大切に使おうという標語をよく耳にするが，日常的な意味で「水を使う」ということを科学的に考えてみよう．生活のうえでの水の利用とは，たとえば石油などのエネルギー資源のように直接的に消費（化学変換）して仕事を取り出すというようなことではなく，水のもっているさまざまな機能を利用するものである．つまり，使い終わった水は，その分子が化学的に変化し水ではなくなったのではなく，流体（物体）としての水が何らかの価値を失っている状態になる．それがたとえば，純度であり，温度であり，あるいは形態でありと，ケースによってさまざまである．この視点が，前述のように循環資源としての水の特徴の一つといえる．

とくに，水質に注目し，使用者の立場から考え

ると，使用上の不都合な共存物が含まれない状態が「使用前」であり，不都合な共存物が含まれた状態が「使用後」である．さらに，この不都合な共存物を除去することにより，再使用が可能となる．この不都合な共存物が再利用上の妨げになるとともに，自然環境に悪影響を及ぼすことがある．これが水質汚濁とよばれる現象である．

それでは，どういった物質が水質汚濁を引き起こすのであろうか．以下，この水質汚濁の原因となる物質について概説する．

2.3.1 酸素要求量

水中の有機物汚濁を表す代表的な指標に，酸素要求量というものがある．これは，水中に存在する有機物を酸化分解するためにどの程度の酸素が

必要かを表す指標である。酸素要求量には，生物化学的酸素要求量（BOD；biochemical oxygen demand）と化学的酸素要求量（COD；chemical oxygen demand）の二つがある。前者は有機物の微生物分解によって消費される酸素の量であり，後者は有機物の化学酸化時に消費される酸素の量である。

なぜ，酸素要求量が水の有機物汚濁の指標として有効とされ，古くから用いられてきたのであろうか。ここで生態系を考えてみよう。陸上生態系における食物連鎖では，植物が二酸化炭素と水から有機物を生産し，消費者の生命活動の維持などに用いられた後に，細菌類によって二酸化炭素と水に分解される。この細菌類の増殖はその餌となる有機物の存在量によって左右される。水中においても同様に，存在する有機物の量が増えれば，細菌類の増殖活動も盛んになる。とくに，水中ではこの細菌類による有機物からの二酸化炭素の生産の過程で，水中の酸素が大量に消費される。その結果，水中の酸素が不足することになり，いわゆるヘドロが形成されて悪臭が発生したり，魚などの生物が酸欠により死に絶えたりしてしまう。

逆に，その水に含まれる有機物を細菌類により分解させた場合，結果としてどの程度の酸素が消費されたかを測定することにより，その水の汚れ度合いを間接的に測定することができる。この考えから生まれたものが BOD である。具体的には，20℃で5日間，水中バクテリアにより汚濁水の分解を行わせ，そのときに消費された酸素の量で示す*1。

この BOD は微生物反応を利用するものなので，試験対象の水中に微生物の活動を阻害する毒性物質が含まれる場合には微生物活動が影響を受け，有機物汚濁を低く見積もる可能性がある。この観点から，BOD は一般的に河川の汚濁指標として用いられる一方で，湖沼や閉鎖海域など毒性物質が蓄積しやすい閉鎖性水域に対しては非生物的な

指標である COD が用いられる。COD は，水中に存在する物質を，酸化力をもつ化学物質で強制的に酸化させたときに消費される酸素の量を示す。酸化に用いられる主要な化学物質は，過マンガン酸カリウムと重クロム酸カリウムである。両者を比較すると，重クロム酸カリウムのほうが酸化力が強く，ほとんどの先進国では重クロム酸カリウムを COD 測定用の酸化剤として用いている。一方の過マンガン酸カリウムは，古くから COD の測定に用いられてきているため，長年蓄積されたデータと比較検討する場合に利便性が高い。

2.3.2　生活系の排水

人々の生活から排出される排水を生活排水とよぶ。また，この中からし尿を除いたものを生活雑排水とよぶ。公共下水道が完備されている地域では，この生活雑排水も下水道システムにより浄化がなされている。公共下水道の普及していない地域での対策としては，農業集落排水施設やコミュニティプラント，あるいは合併浄化槽によるし尿排水と生活雑排水の合併処理が進められている。なお，2016 年度末の汚水処理施設処理人口は1億1,531 万人（普及率は90.4%）*2 であり，うち下水道9,982 万人，農業集落排水等352 万人，浄化槽1,175 万人，コミュニティプラント22 万人であった[4]。

2.3.3　無機栄養塩負荷と富栄養化

窒素やリンなどの栄養塩類は植物の生育に欠かせないものである。植物プランクトンや水生植物は，水中に存在するこれらの栄養塩類を利用して光合成による有機物の生産を行い，水域の生態系を支えている。しかしながら，これらの栄養塩類が過剰に水域に流れ込む，いわゆる富栄養化あるいは過栄養化状態になると，水中の植物プランクトンが異常に増殖したアンバランスな生態系構造が生じる恐れがある。植物プランクトンの異常増

---

*1　われわれの日常生活で排出するものの BOD 値の例として，たとえば米のとぎ汁（1 回目）は約 1,700 mg/L，ラーメンスープは 14,000 mg/L，味噌汁（具なし）は 19,000 mg/L，使用済み天ぷら油は 1,680,000 mg/L とされる[3]。
*2　東日本大震災により調査不能な市町村を除いた集計による。

●図2.6●　アオコの例

殖の典型的な例は，**水の華**（water bloom）として知られる．これは別名**アオコ**ともよばれ，湖面に青い（緑の）粉をまいたような状態を形成する（図2.6）．

　大量に発生した植物プランクトンは，日中は光合成を行うので酸素を水中に供給するが，同時に呼吸による酸素消費も進む．一方，光合成が行えない夜間は呼吸のみを行うため水中の酸素を大量に消費し，とくに明け方には酸素の欠乏状態がもっとも強くなる．その結果，水中に生息する魚類

などの大量死を招くことがある．また，植物プランクトンが大量に存在することは，それだけ有機物が水中に大量に存在することになり，先の酸素要求量でも述べた微生物による酸素消費も促進される．

　前述の酸素要求量（BOD, COD）と全窒素，全リンに関しては**環境基準**が定められており，指定の河川，湖沼，海域での基準達成率が追跡調査されている．ここ15年程度の環境基準達成率の推移を図2.7に示す[5]．BODあるいはCODに関して，河川では2016年度には95.2%，海域においても79.8%が基準を達成している一方で，湖沼では2016年度においても達成率は56.7%と低い．全窒素については，海域では達成率約95%で推移しているのに対し，湖沼では2016年度においても達成率12.5%と，低い値である．全リンについても，海域で約90%程度で推移しているのに対し，湖沼では約50%である．総じて，とくに湖沼での有機物汚濁や富栄養化が十分に抑制できていないことがうかがえる．

　また，大量に発生した植物プランクトンそのものも，水利用のうえでさまざまな障害を引き起こす．浄水のためのろ過装置の閉塞は代表的な例で

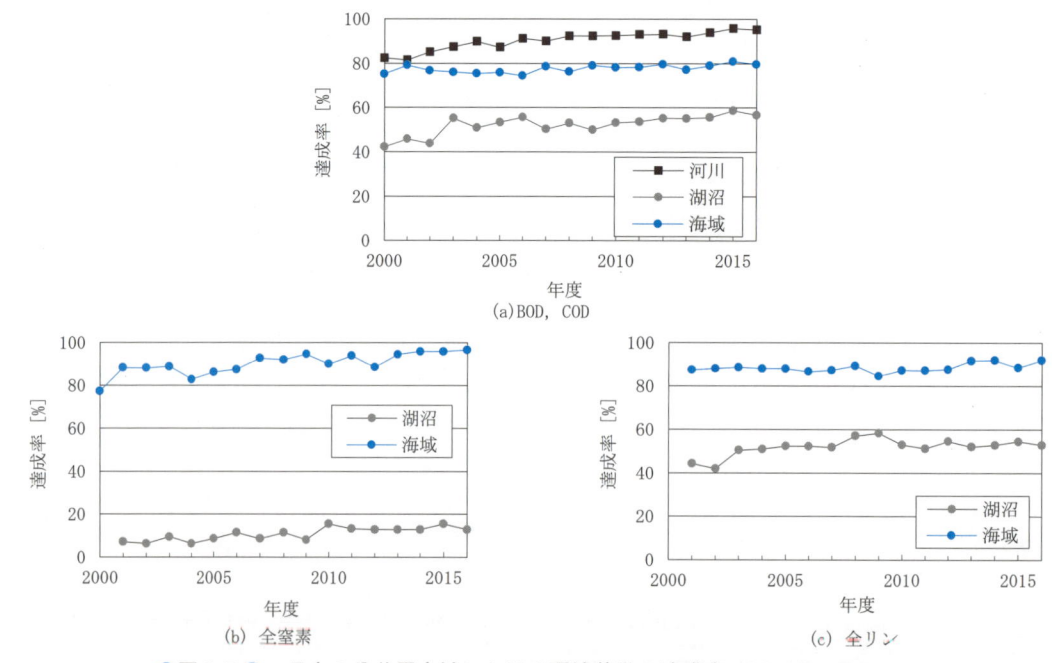

●図2.7●　日本の公共用水域における環境基準の達成率（[5]を基に筆者作成）

ある．また，たとえば夏場，水にカビのような臭いがついてしまうのは，ある種の植物プランクトンが放出する，ジェオスミンならびに**2-メチルイソボルネオール**（図2.8）とよばれる化学物質が原因である．なお，この**カビ臭物質**を含めた異臭味は，水道障害の一つであり，多くの人に被害を及ぼす．高度浄水処理（2.4.1項で後述）の導入によりその被害人口は減少したが，2015年度においても年間約135.5万人の被害が報告されている（図2.9）[6]．また，被害事業体（水道事業については2.4.1項で後述）数に大きな変化がないことから，小さい規模の水道事業体での被害が増加していることがうかがえる．

一方，とくに**ミクロキスティス**とよばれるシアノバクテリアは，前述のアオコの原因となるばかりでなく，**ミクロキスティン**とよばれる毒素を生産することが知られている．ブラジルでは1996年，ミクロキスティンに汚染された水が人工透析に利用され，50人が死亡した事故事例が報告されており[7]，その毒性の高さから，注意を要する物質である．

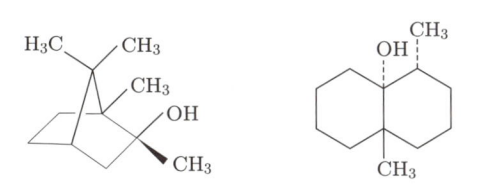

（a）2-メチルイソボルネオール　（b）ジェオスミン

●図2.8● 植物プランクトンが放出する異臭味原因物質の構造式

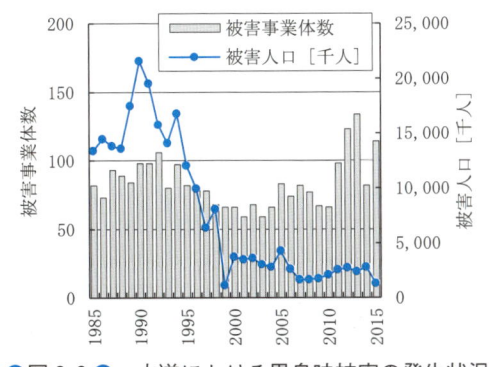

●図2.9● 水道における異臭味被害の発生状況
（[6]を基に筆者作成）

2.3.4　化学物質による汚染

環境中の水に排出される化学汚染物質の代表的な例は，人為的に合成された有機系物質と重金属である．環境省は水質汚濁にかかわる環境基準のうち，人の健康の保護に関する環境基準として2018年2月現在，27項目の物質の基準値を示している．これらには，有機系物質では難燃性の絶縁油として利用された**ポリ塩素化ビフェニル**（PCB，1.3.2項参照），金属機械や精密機器部品の脱脂洗浄剤の**トリクロロエチレン**や**テトラクロロエチレン**が，また，重金属としては水俣病の原因となったアルキル水銀（メチル水銀），富山県神通川のイタイイタイ病の原因となったカドミウムなどが含まれる．

2.3.5　微生物による汚染

病原性微生物による水汚染は甚大な健康被害を与えるものであり，その歴史は長い．**近代水道**での消毒工程も，この微生物汚染から人々の健康を守るべく取り組まれたものである．

水の微生物汚染が原因となる病気の代表例に**コレラ**がある．コレラの原因となるコレラ菌は19世紀末にコッホによって発見された．コレラは，19世紀にアメリカやイギリスで大流行を見せており，日本においても江戸時代末期から明治時代にかけて大流行し，多くの死者が出た．近年は消毒の普及により日本での流行は見られないが，海外渡航による感染はまだ散見される．なお，世界では毎年130万～400万人のコレラ患者の発生が見積もられ，21,000～143,000人が死亡している[8]．

また，**クリプトスポリジウム症**は最近の浄水処理分野でもっとも活発に研究が進められている，水の微生物汚染を原因とした病気の一つである．1980年代中頃から，英米両国での感染報告が相次ぎ（たとえば，1993年の米国ウィスコンシン州ミルウォーキー市での約40万人の集団感染など），日本でも1990年代にいくつかの集団感染例が見られ（埼玉県越生町など），浄水処理での除去の必要性が議論されている[9]．クリプトスポリジウムそのものは原虫であるが，寄生宿主体外では**オ**

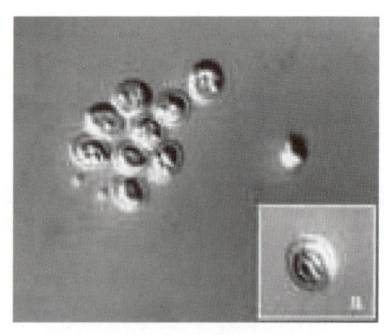

●図2.10● クリプトスポリジウムオーシスト[9]

ーシストとよばれる囊包体として存在し，このオ
ーシストが媒体となって感染する（図2.10）．こ
のオーシストは塩素耐性があり，塩素消毒のみで
は有効な不活化ができない．一方，オゾンによる
不活化や膜による除去は有効である．

大腸菌はごく一般的な雑菌である．しかし，そ
の中にも O-157 など病原性をもつ種があり，感
染症を引き起こす．その他，ウィルス系の汚染も
散見される．各種の水系感染症の機構の解明をよ
り深め，適切な予防策とあわせてその対策を講じ
る必要がある．

2.3.6 沿岸海域への影響

ここまでは人々の生活に直接的に関与する淡水
の水質汚濁について説明してきたが，汚濁物質が
海水に流れ込んだ場合，その影響はとくに海洋水
産資源や沿岸生態系への影響として現れてくる．
2.3.3項で説明した栄養物質が海洋に流れ込んだ
場合には，いわゆる赤潮を引き起こす．赤潮の原
因は，ラフィド藻や渦鞭毛藻の大量発生である．
とくに，高度成長期以降の瀬戸内海での赤潮発生
は著名であり，養殖業にきわめて大きな被害をも
たらした．その結果として，内湾の汚濁管理の重
要性が強く認識され，さまざまな法的対策の立案

に結びついた．なお，図2.11は東京湾での赤潮
の発生状況をまとめたものである[10]．図より，赤
潮の発生は5〜9月に多いことがわかる．

また，海洋汚染にともなうさまざまな有害物質
の魚介類体内への蓄積から，生物濃縮を経ての生
態系やヒトへの曝露も懸念される．さらに，巻貝
に生殖障害を引き起こすトリブチルスズ，1.4節
で述べた環境ホルモンであるノニルフェノールや
ビスフェノールA などの物質の海洋汚染も問題
となりうる．とくに，有機スズは船舶や魚網の防
汚塗料として用いられる物質で，海洋特有の環境
ホルモンの一つといえよう．

一度汚染された海域を人為的に浄化することは
その大きさからきわめて難しく，多くの場合その
自然浄化能に任せざるをえない．したがって，海
洋水質汚染は原則的に予防的措置が主な対策とな
る．

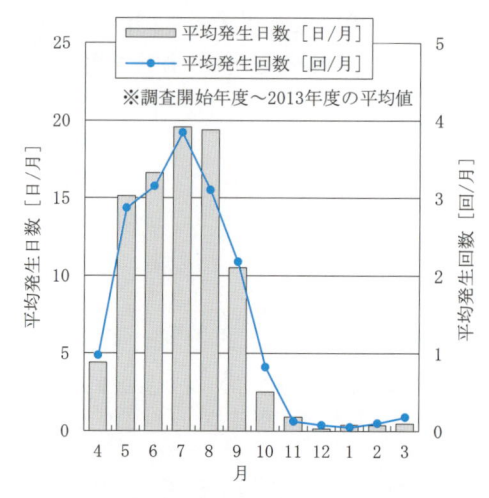

●図2.11● 東京湾での赤潮平均発生回数と平均
発生日数（[10] を基に筆者作成）

  2.2 水中の有機物量の指標として，全有機炭素（TOC；total organic carbon）がある．これは，
水中に存在する有機態炭素の量を mg-C/L（mg-C は炭素のミリグラムの意味）の単位で
示すものである．ここに，グルコース 0.3 g を 2.0 L の水に溶かした水溶液がある．この水溶液の TOC はい
くらになるか．ただし，グルコースの分子式を $C_6H_{12}O_6$ とし，その分子量を180，炭素の原子量を12とする．

解 答 グルコース 0.3 g に含まれる炭素は，$0.3 \times (12 \times 6)/180 = 0.12$ g．したがって，この水溶液
の TOC は，$0.12 \times 1,000/2 = 60$ mg-C/L となる．

2.4 水質浄化技術

水の浄化技術とは，総じて水の中に存在する物質のうち有害な汚染・汚濁物質を除去する技術であるといえる．その技術の種類は，除去対象物質の質や量，処理後に要求される水質，処理スケールなどに応じて多岐にわたるが，大きくは，水道水，あるいは純度のきわめて高い水を作り出す浄水処理技術と，家庭や工場から排出される汚濁水を処理する排水処理技術に分けられる．また，その処理方法も，物理化学的な処理法（たとえば，ろ過や吸着，オゾン処理など）と生物学的な処理法（たとえば，微生物を利用した有機物の分解など）に大別できる．

実際には，処理（除去）すべき物質のサイズを基に装置の選択を行うことになる．しかしながら，とくに浄水処理や生活排水処理では，処理対象となる原水あるいは排水には一般にさまざまな汚濁物質が共存しており（たとえば，微生物と溶存物質），通常はいくつかの処理方法が組み合わせて用いられる．

2.4.1 水道と浄水処理

日本の近代水道は，水系感染症予防措置を目的として，1887（明治 20）年に横浜での供給開始により幕を開けた[11]．その後，水道は発展を続け，水道法が制定された 1957 年時点では約 41％であった普及率[11]は，2015 年度にはその普及率が

■表 2.1 ■ 水道の分類（水道法）

水道の種類		内容
水道用水供給事業		水道事業者に対して水道用水を供給する事業
水道事業	上水道事業	一般の需要に応じて，水道により水を供給する事業（給水人口が 5,000 人超の事業）
	簡易水道事業	一般の需要に応じて，水道により水を供給する事業（給水人口が 101 人以上 5,000 人以下の事業）
専用水道		寄宿舎，社宅等の自家用専用水道等で 100 人を超える居住者に給水するもの，または一日最大給水量が 20 m^3 を超えるもの
簡易専用水道		上記以外の水道であって，水道事業の用に供する水道から供給を受ける水のみを水源とするもの 受水槽の有効容積 10 m^3 以下のものは除く
貯水槽水道		上記以外の水道であって，水道事業の用に供する水道から供給を受ける水のみを水源とするもの 受水槽の有効容積 10 m^3 以下のもの
飲料水供給施設		50 人以上 100 人以下の給水人口に対して，人の飲用に供する水を供給する施設

97.9％に達した．水道は給水人口や目的，その水源などによって，一般の需要に応じて水を供給する水道事業や，寄宿舎，社宅，療養所等における自家用の専用水道等，さまざまな種類に分類される（表 2.1）．

●図 2.12 ● 浄水場の外観の例 （提供：沖縄県企業局）

水道は取水，導水，浄水，送水，および配水の各施設からなる．このうちの浄水施設の典型的な例が浄水場（図2.12）である．浄水場には，浄水量が 100 m³/日未満のものから，浄水量 100 万 m³/日を超える大規模なものまで，さまざまなスケールの浄水場が存在する．

（a）浄水処理の変遷

古くから導入されてきた典型的な浄水施設の構成例を，図2.13 に示す．川やダムなどから取水塔により取水された水は，沈砂池で大きな砂や土を沈め，取水ポンプ，着水井を経て，細かな砂や土を凝集させるために凝集剤を注入・混和しフロックを形成させ，沈殿池でフロックを沈める．その後，アンモニア態窒素や鉄，マンガン等の除去のための塩素を加え，ろ過した後に消毒のための塩素を加えて給水所に送られる．

一方で，近年のミネラルウォーターや家庭用浄水器の売り上げの急増に見られるように，人々のおいしい水に対するニーズが年々増加してきてい

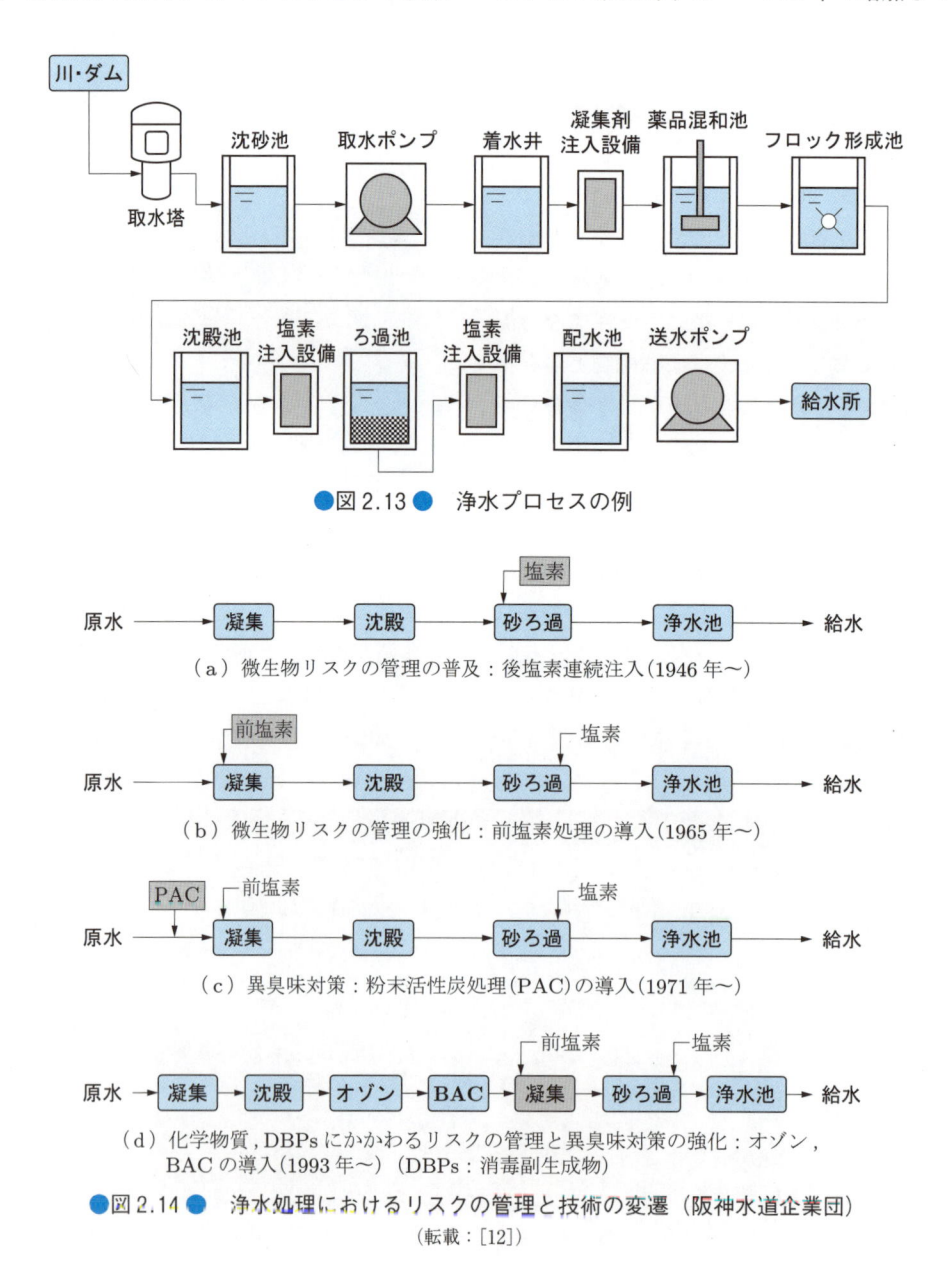

●図2.13●　浄水プロセスの例

（a）微生物リスクの管理の普及：後塩素連続注入（1946 年〜）

（b）微生物リスクの管理の強化：前塩素処理の導入（1965 年〜）

（c）異臭味対策：粉末活性炭処理（PAC）の導入（1971 年〜）

（d）化学物質，DBPs にかかわるリスクの管理と異臭味対策の強化：オゾン，BAC の導入（1993 年〜）（DBPs：消毒副生成物）

●図2.14●　浄水処理におけるリスクの管理と技術の変遷（阪神水道企業団）

（転載：[12]）

る．これに対して浄水場での浄化システムにも，図2.14のように変遷が見られる[12]*3．

（b）凝集・沈殿

浄水処理における懸濁物除去のもっとも基礎的な操作が，凝集・沈殿操作である．環境水中の土砂などの懸濁物はコロイド溶液の性質をもつものが多く，表面に負の電荷を帯びて互いに反発し，安定的に懸濁している．この反発を軽減することで懸濁粒子が大きくなり，分離がしやすくなる．この軽減の役割を果たすものが凝集剤であり，ポリ塩化アルミニウム（PAC；poly aluminum chloride, $(Al_2(OH)_nCl_{6-n})_m$）や硫酸ばんど（硫酸アルミニウム，$Al_2(SO_4)_3 \cdot nH_2O$）などの無機系凝集剤が用いられている．凝集剤を散布された処理水は，フロック形成という攪拌過程を経て，大きな懸濁物を形成する．この成長したフロックを沈殿層において沈殿させ（図2.15），後段のろ

過過程に送る．沈殿物は浄水汚泥とよばれるが，土砂と凝集剤が主成分であり，その一部は園芸用土等の資源として再利用されている．

（c）砂ろ過

水道原水中の浮遊物質を取り除く砂ろ過は，急速ろ過と緩速ろ過の2種類に分けられる．急速ろ過は，ろ過砂やアンスラサイト（無煙炭から製造する粒子）などのろ材で構成されるろ層（図2.16）に，比較的高速（120～150 m/日程度）で通水してろ過するものである．近年の日本の浄水処理の主流はこの急速ろ過である．一方，緩速ろ過は，数 m/日程度でろ過を行うものであり，急速ろ過と比較して大きな設置面積を要する．緩速ろ過は，生物化学的作用，とくにろ過砂表面に生じる微生物で形成された粘質状物質のはたらきによって水を浄化するという特徴をもち，粒子除去のみならず，濁度，異臭味，細菌などの除去も行える利点がある（図2.17）*4．

●図2.15● フロック形成（上）・凝集沈殿（下）
（提供：神奈川県企業庁）

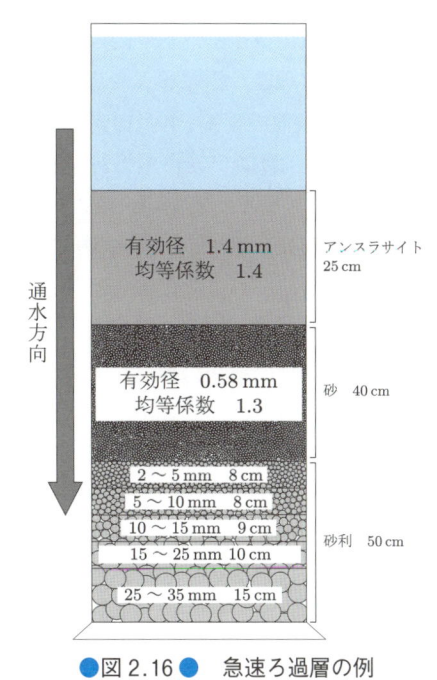

通水方向

有効径　1.4 mm
均等係数　1.4
アンスラサイト 25 cm

有効径　0.58 mm
均等係数　1.3
砂　40 cm

2～5 mm　8 cm
5～10 mm　8 cm
10～15 mm　9 cm
15～25 mm 10 cm
25～35 mm　15 cm
砂利　50 cm

●図2.16● 急速ろ過層の例
（アンスラサイトと砂の層をもち，複層ろ過に分類されるもの．神奈川県企業庁の模型より筆者作図．）

序章　第1章　第2章　第3章　第4章　第5章　第6章　第7章　第8章

*3　最近は日本各地の水道事業体がペットボトル入りの水道水を販売している．
*4　後述の膜ろ過と対比して，砂ろ過はろ材中でろ過分離が起き，内部ろ過とよぶ．

●図2.17● 砂ろ過（上：急速，下：緩速）
（提供：神奈川県企業庁）

（d）塩素処理

1900年代初頭に開始された塩素消毒は，水系感染症を劇的に減少させた，歴史的にも重要な技術である．塩素処理は，その導入の場所により，前塩素処理（沈殿池の前），中間塩素処理（沈殿池とろ過池の間），および後塩素処理（ろ過池の後）に分けられる（図2.13参照）．このうちの前・中間塩素処理は，原水中の有機物やアンモニア，鉄，マンガンなどの酸化除去を目的として工程の最初に投入される．一方の後塩素処理は，消毒を目的として処理の最終工程で投入される（図2.13，図2.14参照）．

一方，塩素の注入により，カルキ臭（ジクロラミンやトリクロラミン）やその他の消毒副生成物（DBPs．代表例はトリハロメタン類）の生成といった負の側面ももっている．トリハロメタン類は，メタンの四つの水素のうち三つがハロゲン元素で置換されたものである．水道で対象となるトリハロメタンは，クロロホルム $CHCl_3$，ブロモジクロロメタン $CHBrCl_2$，ジブロモクロロメタン $CHBr_2Cl$，およびブロモホルム $CHBr_3$ であるが，このうちクロロホルムとブロモジクロロメタンは，国際ガ

ン研究機関（IARC）において，「ヒトに対する発ガン性が疑われる」（"possibly carcinogenic"，グループ2B）化学物質に分類されている．また，とくに後の三者は塩素消毒時に臭素イオンが存在するとき発生する．これらのカルキ臭やトリハロメタンは，煮沸や活性炭吸着などにより除去することができる．また，トリハロメタン生成の原因となる前駆物質の除去方法も盛んに研究されている．

（e）オゾン処理

オゾン O_3 は強力な酸化剤であり，浄水処理では殺菌や有害有機物の分解に用いられる（図2.18）．オゾンの反応は，その反応機構によって直接反応と間接反応に分けられる．直接反応はオゾン分子が直接的に処理対象物質を攻撃，分解する過程である．一方の間接反応は，オゾンの自己分解によって生じたOHラジカルという反応性の高いラジカルが，処理対象物質を分解するものである．また，このOHラジカルを介した反応は過酸化水素の添加などによっても促進され，促進酸化処理（AOP；advanced oxidation process）とよばれる．

しかし一方で，塩素処理のトリハロメタンのように，オゾン処理においても有害な副生成物が問題となる．水道原水に臭化物イオン Br^- が含まれる場合に生成する臭素酸イオン BrO_3^-（IARC グ

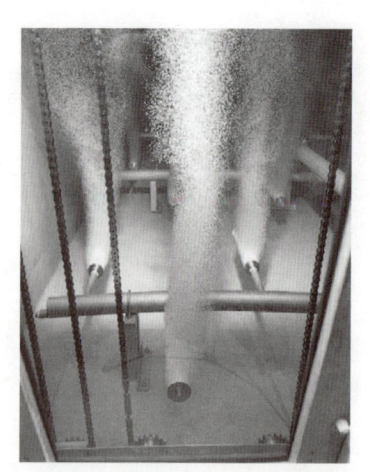

●図2.18● オゾン接触池
（提供：東京都水道局）

ループ 2B），有機物の分解により生じるホルムアルデヒド HCHO（IARC グループ 1，ヒトに対する発ガン性が認められる），およびアセトアルデヒド CH$_3$CHO（IARC グループ 2B）がその例である．これらの対策として，副生成物の生成を抑えつつ目的物質を分解するオゾン濃度のモニタリングと，それに基づく適切な注入率管理が重要となる．一方，有機性消毒副生成物については活性炭による除去が有効であり，わが国では省令によりオゾン処理の後段に粒状活性炭処理設備[*5] を設置することとされている．

（f）活性炭処理

活性炭は，人間にとって身近な水浄化材である．活性炭はその構造の中にきわめて大きな比表面積（一般には 1 g あたり 1,000 m^2 を超える）をもっており，この大きな表面に，水中のさまざまな化学物質（汚濁物質）を吸着することができる．

活性炭にはさまざまなサイズの細孔がある．細孔はその孔径によって，マクロ孔（半径 $r >$ 25 nm），メソ孔（$r = 1 \sim 25$ nm），ミクロ孔（$r = 0.4 \sim 1$ nm），およびサブミクロ孔（$r < 0.4$ nm）に分類される[13]．これらの細孔の分布は，原料の質や賦活とよばれる細孔を発達させる操作によって異なる．たとえば，ヤシ殻を原料とした活性炭は比表面積が大きい一方でマクロ孔が少ないため，ガス中の成分分離など低分子量物質の除去に適しており，れき青炭を原料とした活性炭はミクロ孔からマクロ孔まで幅広い細孔をもっているため，水中の溶存物質分離など比較的分子量の大きな物質の除去に適している[14]．

活性炭を浄水処理に用いる目的は，図 2.8 の異臭味原因物質（ジェオスミン等，2-メチルイソボルネオール），トリハロメタンおよびその前駆物質，あるいはフェノールや農薬など有機物の除去であり，その処理形態から粉末活性炭と粒状活性炭に大別される．粉末活性炭は異臭味原因物質の発生時に一時的に使用されることが多く，回収再利用

はされない（図 2.19）．一方の粒状活性炭は，吸着した物質を取り外す，いわゆる再生という操作を経て繰り返し利用することができる．また，活性炭表面にバクテリアや原生動物などを生息させ，活性炭に吸着した有機物やアンモニアを基質として利用させて分解させる活性炭を，生物活性炭とよぶ．

●図 2.19● 浄水場の粉末活性炭貯蔵タンク
（提供：神奈川県企業庁）

（g）膜分離

浄水工程として，水中の浮遊粒子をろ過する方法には，先に述べた砂ろ過に加えて，膜を用いたろ過法がある．図 2.20 は水中の代表的な懸濁物と，一般的に水処理に用いられる膜の分類とその適用範囲を示している．ろ過対象の大きさの順で，バクテリアなどの粒子を除去する精密ろ過膜（MF

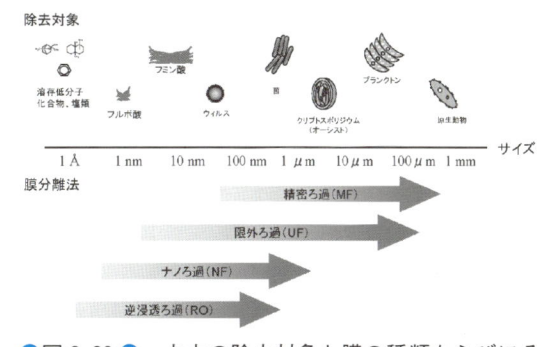

●図 2.20● 水中の除去対象と膜の種類ならびにその適用範囲
（[15] を基に筆者作成）

*5　オゾン処理により有機物が微生物分解を受けやすい形態となり，結果として活性炭層に微生物が増殖し，生物活性炭（次の項（f）で後述）となる．

膜, microfiltration の略), 高分子を除去する限外ろ過膜 (UF 膜, ultrafiltration の略), さらには低分子の分離に用いられる逆浸透ろ過膜 (RO 膜, reverse osmosis の略) やナノろ過膜 (NF 膜, nanofiltration の略) がある.

図 2.21 に, 浄水処理に使用する膜モジュール

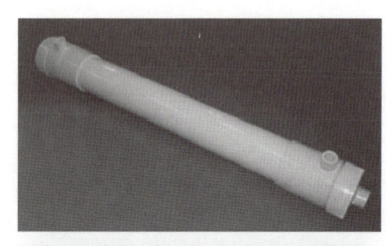

●図 2.21 ● 膜モジュール (上) と膜ろ過設備 (下)
(提供: 東京都水道局)

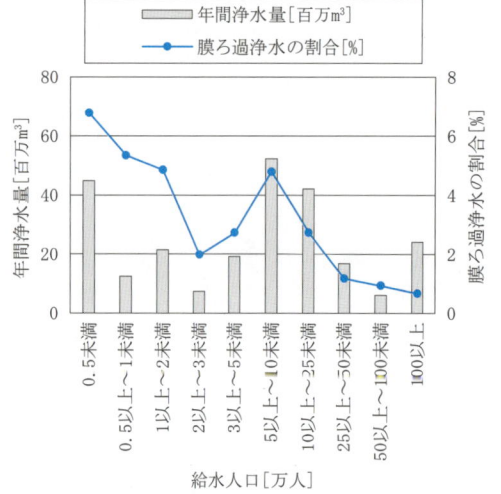

●図 2.22 ● 浄水場の規模別での膜ろ過浄水量と総浄水量に対する割合
(2014 年度. [16], [17] を基に筆者作成)

と膜ろ過設備の外観を示す. 2014 年度における, 上水道および簡易水道における膜ろ過による浄水量の規模別分布を図 2.22 に示す[16][17]. 図より, 5 千人未満といった小規模浄水場での膜ろ過浄水量が多い特徴がみられる. また, 5 万人〜25 万人規模での膜ろ過浄水量も大きい. さらに, 膜ろ過による浄水量の全浄水量に対する割合は, 規模が小さくなるほど高くなるという傾向がある.

膜処理は水処理において大変優れた能力をもつ一方で, 膜寿命の問題などいくつかの操作上の課題をもっている. とくに, 分離操作の進行とともに起きる除去対象物質の膜表面への蓄積は, 膜分離操作における最大の課題の一つである. これらの膜汚染は, その汚染物に対応して, 物理的な洗浄 (逆洗, 撹拌洗浄), 化学的な洗浄 (酸洗浄, 界面活性剤洗浄) などで防ぐことができる.

2.4.2 排水処理
(a) 排水処理の概要

先に述べた浄水処理と比較した場合, 排水処理では一般に処理対象の濃度が高いことやさまざまな処理対象物質が含まれることが特徴となる. これまでさまざまな排水処理方法が提案, 実施されてきている. もちろん, 一部の技術は先に述べた浄水処理と同様の原理に基づいたものもある.

排水処理法は, 微生物を利用する生物学的処理法と, 物理的な分離や化学反応を利用する物理化学的処理法に分けられる. さらに生物学的処理法は, 酸素が豊富に存在する酸化的な状態 (好気状態とよぶ) で行う好気性処理と, 酸素が枯渇した還元的な状態 (嫌気状態とよぶ) で行う嫌気性処理に分けられ, それぞれ表 2.2 のような特徴をもつ[*6]. ここではとくに微生物学的な処理方法を中心に述べ, また, 浄水処理とも共通点が多い, 工業排水等の特定有害成分の除去などに焦点をあてた物理化学的な手法についてもふれる.

---

*6 その他, 近年研究が進められている, 人工的に造成した湿地 (人工湿地) において土壌中微生物による分解や大型水生植物の生育などを利用した処理も, 生物学的な処理と考えられる. なお, このような人工湿地では, 土壌への吸着や土壌によるろ過など物理化学的な機構も原理として利用される.

序　章

第1章

第2章

第3章

第4章

第5章

第6章

第7章

第8章

■表 2.2 ■　生物学的処理の長所と短所（転載：[18]）

	嫌気性処理	好気性処理
長所	・高濃度有機性排水への対応が可能 ・曝気のためのブロワーが不要 ・余剰汚泥の発生量が少ない ・メタンなどの有用成分が得られる	・希薄な有機性排水への対応が可能 ・窒素除去（硝化）が可能 ・スタートアップが早い ・低温でも処理が可能
短所	・スタートアップが遅い ・処理後の排水処理が必要 ・低温での反応速度が遅い ・希薄排水処理には不向き	・曝気動力費用が大きい ・余剰汚泥の発生量が多い ・揮発性の有害物が揮散 ・高濃度排水では希釈が必要

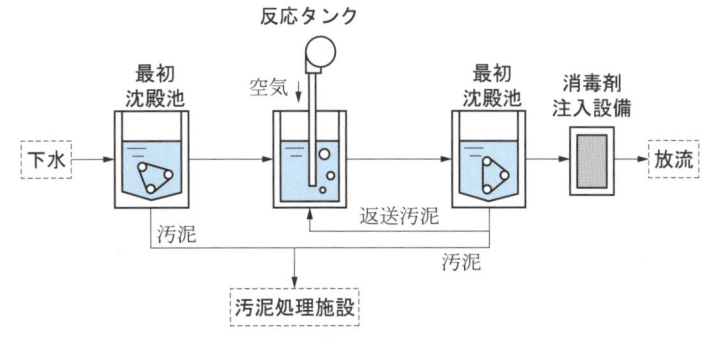

●図 2.23 ●　活性汚泥法による下水処理

●図 2.24 ●　排水処理における活性汚泥処理反応槽
（提供：東京都下水道局）

（b）好気性処理（活性汚泥法）

生活排水の処理には，一般的に活性汚泥法[*7]と
よばれる微生物を利用した方法が用いられる．下
水道での処理フローの例を図 2.23 に示す．最初
沈殿池で大きな粒子を沈殿除去した排水は，空気
曝気（バブリング）装置を装着した曝気槽（図 2.

24）に送られ，好気性微生物による分解や固定化
を受ける．微生物体（汚泥）を含んだ処理水は最
終沈殿池に送られ，汚泥を沈殿させる．上澄み液
は消毒剤で消毒を受けて放流し，沈殿した汚泥は
一部を返送汚泥として曝気槽に返送し，残りは余
剰汚泥として処理する．なお，この下水汚泥発生
量は厖大であり（7.2.1 項と関連），2015 年度に
は乾燥重量として 226.9 万トン発生している[19]．

　一方，下水汚泥は廃棄物としてその処分が必要
であるが，第 6 章で述べるようにバイオマス資源
の一つでもあり，そのさまざまな有効利用法が検
討されている．

（c）嫌気性処理（メタン発酵）

　高濃度有機排水の処理には，メタン発酵に代表
される嫌気性処理が適用される．嫌気性処理の代
表的なプロセスを図 2.25 に示す．固定床方式では
プラスチックやセラミックスなどの充填材を充填
し，そこに嫌気性微生物を生育させる．同方式で

★7　1913 年に，イギリスのマンチェスター大学の研究者により開発された方法[18]．

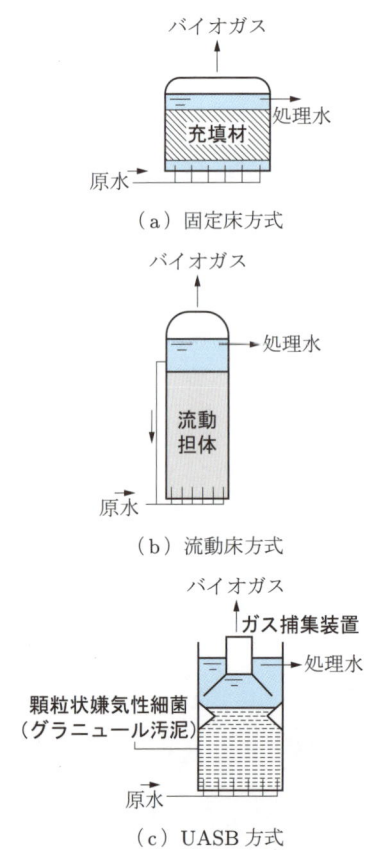

（a）固定床方式

（b）流動床方式

（c）UASB方式

● 図2.25 ● 　嫌気性処理装置の概略図
（転載：[18]）

は反応槽内での閉塞が問題となる．流動床方式ではこの閉塞を防ぐため担体を流動させるが，流動時の磨耗や付着微生物の剝離といった問題がある．UASB方式は，1970年代にオランダのLettingaらによって開発された方法で，嫌気性微生物を自己造粒させて利用する[18]．

高濃度有機排水の一例として畜産排水がある．畜産排水はノンポイントソース（序.3.4項の脚注 ◆ 16）であるとともに窒素分も多く，地下水の硝酸汚染を引き起こす恐れがある（4.2節と関連）．一方で，その高窒素分を生かして肥料として利用する等，農業地域での循環利用が期待される．

（d）物理化学的処理

物理化学的な作用によって排水中の汚濁・汚染物質を除去，分解する方法を，物理化学的処理とよぶ．浄水処理の項で述べた膜分離や吸着は物理化学的な水処理の代表的なものであり，排水処理への適用も多く見られる．本項ではいくつかの代表的な物理化学的処理について説明する．

●凝集沈殿法

凝集沈殿法は排水処理で広く用いられ，富栄養化の原因となるリンなどの沈殿，あるいは有害重金属の沈殿分離などが行われる．

主なリン酸の難溶性塩形成反応は以下のとおりである．

$$Fe^{3+}+PO_4^{3-} \longrightarrow FePO_4 \tag{2.1}$$

$$Al^{3+}+PO_4^{3-} \longrightarrow AlPO_4 \tag{2.2}$$

$$5Ca^{2+}+OH^-+3PO_4 \longrightarrow Ca_5(OH)(PO_4)_3 \tag{2.3}$$

$$3Ca^{2+}+2PO_4^{3-} \longrightarrow Ca_3(PO_4)_2 \tag{2.4}$$

$$Mg^{2+}+NH_4^++PO_4^{3-}+6H_2O \longrightarrow Mg(NH_4)PO_4 \cdot 6H_2O \tag{2.5}$$

鉄塩，アルミニウム塩，あるいはカルシウム塩等が難溶性塩であり，それぞれ凝集剤として，塩化鉄（III）や硫酸鉄（III）等，硫酸バンドやポリ塩化アルミニウム等，および石灰等の形で無機金属凝集剤として用いられる．また，アンモニウムイオン，マグネシウムイオン，およびリン酸イオンによってリン酸マグネシウムアンモニウム（MAP；magnesium ammonium phosphate）の沈殿が形成されるが，同法ではリン酸のみならず，富栄養化の原因となるアンモニウムイオンも沈殿除去できる．また，いくつかの金属イオンは水をアルカリ性にすることで水酸化物沈殿を形成でき，分離することができる．

なお，図2.26にカドミウムイオン Cd^{2+} および鉛イオン Pb^{2+} の溶解度とpHの関係を示すが，単体の金属イオンはpHの上昇とともに溶解度が低下することがわかる．しかしながら，鉛はアルカリ側では水酸化物錯イオン $H_2PbO_2^{2-}$ として溶解する点に注意が必要である．また，カドミウムも強アルカリ側では $Cd(OH)_4^{2-} \rightarrow CdO_2^{2-}+H_2O$ として再溶解するので，pH制御が重要である[20]．

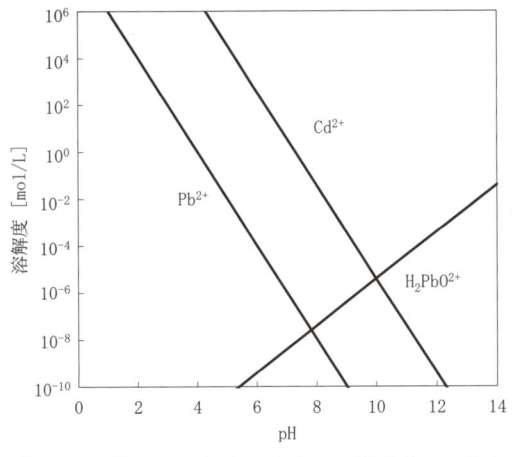

●図2.26● カドミウムイオン，鉛イオン，および鉛水酸化物錯イオンの溶解度

なお，排水処理に用いられるアルカリ剤としては，水酸化ナトリウム（カセイソーダ）NaOH，炭酸ナトリウム（ソーダ灰）Na_2CO_3，酸化カルシウム（生石灰）CaO，水酸化カルシウム（消石灰）$Ca(OH)_2$，炭酸カルシウム（石灰石）$CaCO_3$がある[21]．また，塩化鉄などを用いた共沈法も用いられる．

その他の金属も，工程を工夫することで沈殿分離が可能となる．たとえば，六価クロムは酸性でもアルカリ性でも陰イオンとして存在する*8ため，後述の還元処理により三価クロムに還元し，アルカリ剤で中和することで$Cr(OH)_3$として沈殿させる．ヒ素は鉄（III）塩を用いた共沈分離が行える．有機水銀は，後述の酸化処理により無機水銀とした後に，硫化物を加えて難溶性の硫化水銀HgSとして沈殿分離できる．また，溶解性セレンのうちセレン（IV）（たとえば亜セレン酸SeO_3^{2-}）は，水酸化鉄（III）による共沈が可能である．

●酸化還元処理

排水中の有害物質は，酸化あるいは還元処理することで，無害化あるいは易分離化される場合が多い．また，前項で述べたように，難溶性の沈殿を形成させるために，金属を酸化・還元することもある．たとえば，六価クロムは亜硫酸塩や硫酸鉄（II）で還元し，水銀は塩素により酸化分解して塩化物とする．

その他の酸化処理としては，シアンの次亜塩素酸ナトリウムによる酸化脱窒，アンモニアの塩素系酸化剤による酸化脱窒，フェノールの酸化分解や，鉄，マンガンの酸化による不溶化・沈殿分離，ヒ素の毒性低減などが挙げられる．塩素によるアンモニウムイオンの酸化（窒素ガスに分解）も，低濃度アンモニア排水処理に有効である*9．また，可溶性のセレン（VI）はセレン（IV）に還元することで，前述の共沈や後述の活性アルミナ吸着が可能となるが，塩酸酸性下での煮沸といった過酷な条件での反応を要する[23]．

●吸着・イオン交換処理

吸着，イオン交換ともに，流体と固体表面の界面で起きる化学物質の分配現象である．吸着については前述の浄水処理においてその原理を述べた．イオン交換とは，イオン交換樹脂などの表面に存在する固定イオンとイオン結合しているイオン（対立イオンとよぶ）が，そこに流通される水中の除去対象イオンと交換される現象である．

先に述べた活性炭は排水処理でも吸着剤として用いられる．PCBや各種の有機塩素化合物，ベンゼン，農薬など，疎水性の高い物質は活性炭による吸着分離が可能である．活性アルミナも排水処理用吸着剤として用いることができる．イオン交換樹脂には，陽イオン交換樹脂，陰イオン交換樹脂がある．前者はアンモニウムイオン，後者は硝酸・亜硝酸イオンに用いられる．その他，特定の物質を選択的に保持するキレート樹脂があり，水銀，銅，亜鉛，カドミウム，鉄，鉛，ヒ素，フッ素およびホウ素などの除去に用いられる．

★8　たとえば，その酸化物である三酸化クロムCrO_3は，酸性ではニクロム酸イオン$Cr_2O_7^{2-}$，アルカリ性ではクロム酸イオンCrO_4^{2-}として溶解する[22]．
★9　ただし，塩素注入によるトリハロメタンの生成も懸念される．なお，アンモニウムイオンに関しては，pHを上げて遊離アンモニアにし，曝気やスクラバーで除去することもできる．

（e）高度処理

　排水の高度処理とは，排水から有機物のみならず窒素やリンなどの富栄養化の原因となる物質を処理する方法である．とくに湖沼の環境基準達成率が低いまま推移している状況（図2.7）から，早急にこの高度処理の普及を拡大する必要がある．さらに一方で，リン資源の欠乏が叫ばれる中，リン除去とその回収が同時に行える高度処理技術に対する要望は高い．

　生物学的な窒素除去の基本的な原理は，以下のとおりである．

亜硝酸菌（*Nitrosomonas* 等）による亜硝酸生成

$$NH_4^+ + \frac{3}{2}O_2 \longrightarrow NO_2^- + H_2O + 2H^+ \qquad (2.6)$$

硝酸菌（*Nitrobacter* 等）による硝酸の生成

$$NO_2^- + \frac{1}{2}O_2 \longrightarrow NO_3^- \qquad (2.7)$$

亜硝酸呼吸

$$2NO_2^- + 3H_2 \longrightarrow N_2 + 2H_2O + 2OH^- \qquad (2.8)$$

硝酸呼吸

$$2NO_3^- + 5H_2 \longrightarrow N_2 + 4H_2O + 2OH^- \qquad (2.9)$$

　好気性条件下では，アンモニアが *Nitrosomonas*

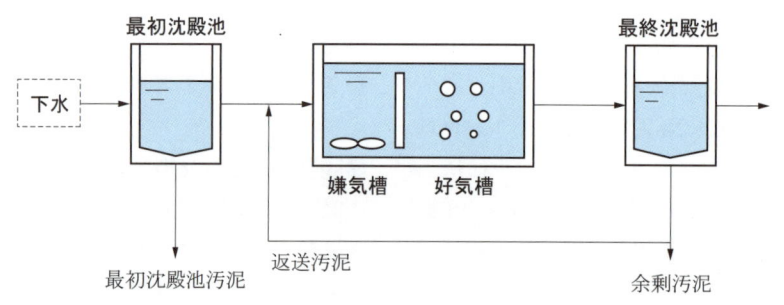

（a）嫌気・好気法（AO 法）

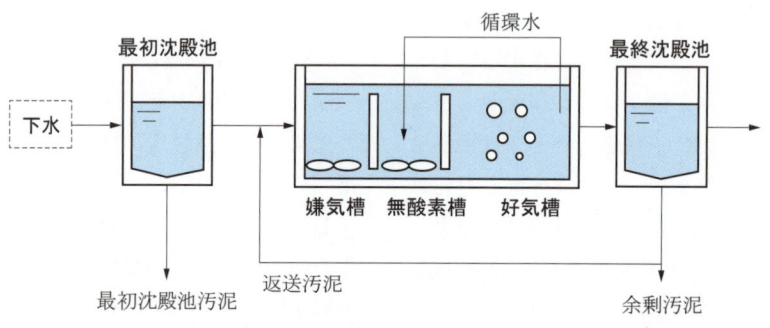

（b）嫌気・無酸素・好気法（A2O 法）

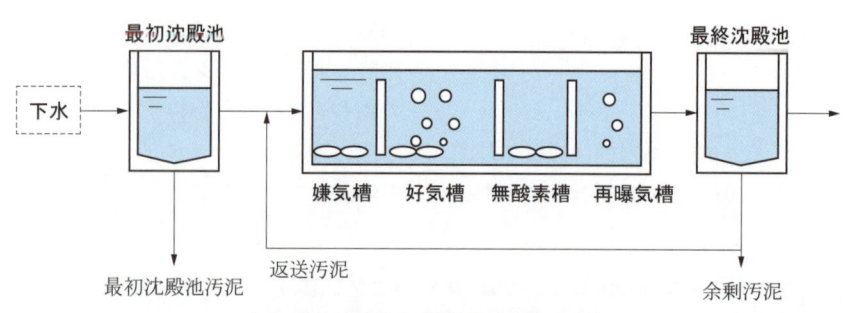

（c）嫌気・硝化内生脱窒法（AOAO 法）

●図 2.27 ● 排水高度処理法の例[24]

等の亜硝酸菌により亜硝酸に，さらに *Nitrobacter* 等の硝酸菌により硝酸に変換される．ここで生成される硝酸は，嫌気的条件下で硝酸呼吸により，窒素ガスに変換される．この過程を総括して脱窒とよぶ[*10]．

　活性汚泥中には，リンを過剰に蓄積できる**ポリリン酸蓄積菌**が存在する．ポリリン酸蓄積菌は，嫌気性条件下で菌体内のポリリン酸を加水分解してリン酸を放出しつつ，その生成エネルギーを利用して液中の有機物を摂取・貯蔵する．その後，

好気的な条件下で貯蔵有機物を分解して液中のリン酸を摂取し，ポリリン酸を合成する．この原理を利用することで，生物学的な脱リンが可能となる．

　以上を活用し，窒素およびリンの除去を目的として嫌気，無酸素，および好気条件を組み合わせた高度処理の例が提案されている（図 2.27）．

　なお，2010 年度末の日本における高度処理人口普及率は 20.2%（国土交通省資料[26]）であり，今後さらにその推進が望まれる[*11]．

例 題 2.3　人間が日常生活で排出する BOD を 40 g/（人・日），一日の排水量を 200 L/（人・日）とした場合，一人分の未処理排水の BOD 値を 5 mg/L まで薄めるために必要な水の量はいくらか．また，その数字は，日本での一人あたりの降水量の何%か．その答えを基に，排水処理技術の重要性を考察せよ．ただし，日本の人口を 1 億 2,700 万人，年平均降水量を 1,720 mm，国土面積を 37.8 万 km² とする．

解 答　排出される BOD 濃度は $40 \times 1,000/200 = 200$ mg/L である．この排水を 5 mg/L まで薄めるためには，40 倍に希釈する必要がある．したがって，未処理排水 200 L に対して 7.8 m^3 の水を加えて希釈する必要がある．また一人一日あたりの降水量は，$1.72 \times 37.8 \times 10^4 \times 10^6/127,000,000/365 = 14 \text{ m}^3/（人・日）$と算出され，その場合は $7.8/14 \times 100 = 56\%$ となる．排水処理技術は，このような大量の水を使用せずに汚濁物質濃度を短い時間で低減させるものであり，環境保全のうえで，きわめて重要であることがうかがえる．

2.5 雨水・再生水の利用

　日本の現状の水道システムでは，飲用水のみならず水洗トイレ用水なども一般には十分な浄化を受けた上水道が用いられている．一方，ビルなどの比較的大量の生活雑排水が得られる施設では，この雑排水に必要最低限の処理を施して水洗トイレに用いることで，水資源の節約を行うことができる．また，大量の雨水が集まる場合や，地理的に下水処理水が容易に供給される場合も同様であ

る．このように上水までではいかなくとも，下水に対してある程度の浄化処理を施した水を「**中水**」とよび，そのシステムを**中水道**，あるいは**雑用水道**とよび，その普及が進められている．なお，2010 年度末時点で**雨水・再生水**の利用は合計で 260 百万 m³/年に達しており，全国の生活用水使用量の約 0.3% に相当する[28]．

[*10]　近年では，無酸素条件下で $NO_2\text{-}N$ を電子供与体として $NH_4\text{-}N$ を酸化し，ヒドラジン N_2H_4 を中間生成物として窒素ガスへと変換する *Anammox* 菌による脱窒も注目されている[25]．
[*11]　高度処理が進んだスウェーデン（2000 年），オランダ（2000 年），およびドイツ（2001 年）では 8 割を超える[27]．

演・習・問・題・2

2.1

酸素要求量がなぜ水質汚濁の指標となるのか．また，BODとCODの定義の違いとその特徴を述べよ．

2.2

富栄養化によって引き起こされる植物プランクトンの大量発生には，「アオコ」と「赤潮」があるが，その違いを中心的な被害とともに述べよ．

2.3

浄水処理における凝集剤，および塩素の役割を述べよ．

2.4

生物学的排水処理における好気性処理と嫌気性処理の違いを述べよ．

第3章

大気環境

　地球を取り巻く大気は，生物の生存のうえで必要な元素を供給する，宇宙から降り注ぐ有害な宇宙線から生物圏を守る，また地球上の気温変化を緩和する，という大きな役割をもっている．大気がいったん汚染されてしまうと，広範囲に拡散しやすい傾向にあり，その対策がきわめて困難である．また，国境を越えた問題になりやすいことから，汚染の発生源でいかに防止していくかが重要となる．本章では，大気についてその化学的特性や汚染状況を整理したうえで，大気汚染防止のための取り組みを示す（図3.1）．

KEY 🔑 WORD

酸性雨	光化学オキシダント	NO_x	SO_x	PM2.5
大気汚染	大気汚染防止技術			

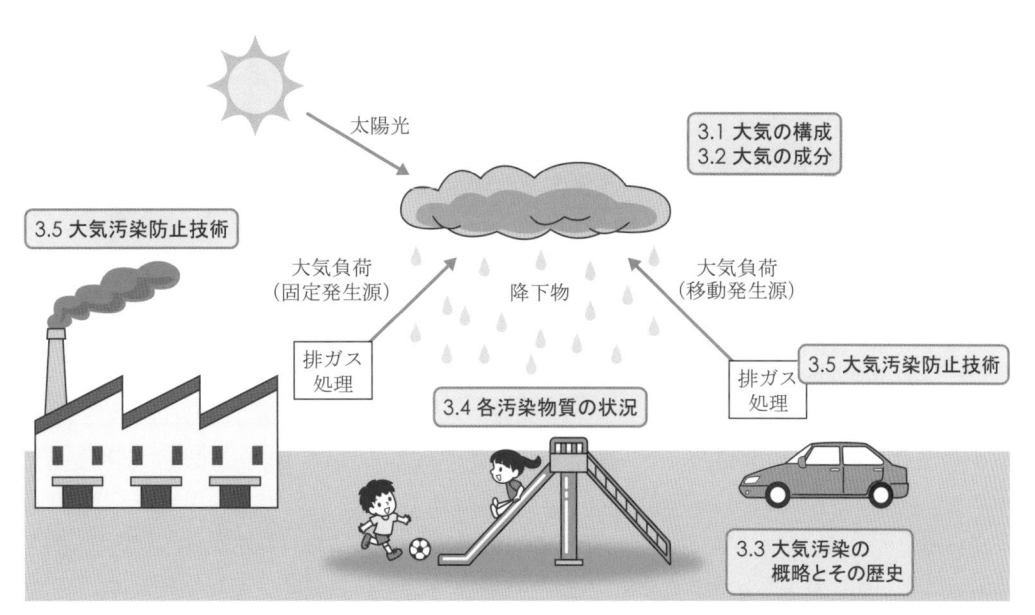

●図3.1●　大気環境の概念と本章の構成

3.1 大気の構成

　大気は鉛直方向にいくつかの分類がなされる．大きなスケールでみると，図3.2のように，地表部から順に**対流圏**（0～10 km 程度）[*1]，**成層圏**（10～50 km 程度），**中間圏**（50～80 km 程度），**熱圏**（80 km 以上）と分類される．中間圏～熱圏には，イオン化した原子・分子がプラズマとして存在する**電離層**がある．

　それぞれの層は高度の上昇にともなう温度変化に特徴があり，対流圏および中間圏では高度上昇にともなう温度減少，成層圏および熱圏では高度上昇にともなう温度増加が見られる．とくに，対流圏では高度1 km の上昇にともない，温度が約6.5℃減少する．これは，地表面からの放射伝達の結果である．また，地表面から離れるに従って気圧，すなわち密度が減少する．**オゾンホール**などで話題となる**オゾン層**は成層圏に属し，地表から約20～30 km の位置に存在する（5.6節参照）．

　対流圏では，貿易風，偏西風に代表される大気の流れや水の蒸発が盛んに起きており，人々の生活に直接的に関与する領域である．対流圏はさらに，地表からの影響の受け方すなわち物理的な摩擦の受け方を基に，**接地層**（地表面の摩擦を受ける．地表から0～数10 m 程度），**エクマン境界層**（遷移領域で，大きな速度勾配をもつ境界．地表から100 m ～1 km 程度），および**自由大気**（地表面の摩擦を受けない．地表から1 km 以上）と分類される．

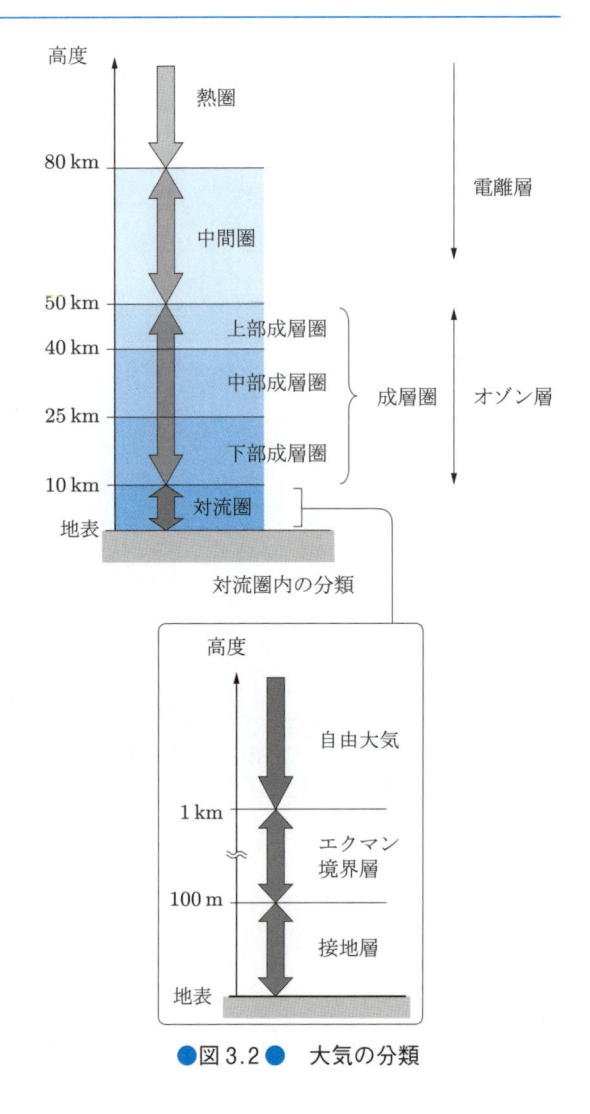

●図3.2● 大気の分類

3.2 大気の成分

　大気中の気体成分は，窒素が78.1%，酸素が20.9%であり，この二大成分が大気の役割の中心を担っている．その他，アルゴン（約1%）や二酸化炭素（後述）等の微量成分や，水蒸気が含まれる．

　また，以上の気体に加え，**エアロゾル粒子**とよばれる数 nm から 100 µm 程度の範囲をもつ浮遊粒子も存在する．これらの浮遊粒子は，土壌粒子や火山灰，あるいは海水から生成される海塩粒子など本来天然に存在するものも少なくないが，とくに都市部や工業地帯では，自動車を含むさまざまな燃焼工程からの人為的な放出が無視できない．

[*1]　対流圏の厚さは緯度によって異なり，高緯度では 8 km 程度，低緯度では 16 km 程度となる．

3.3 大気汚染の概略とその歴史

大気汚染物質は，呼吸器に入ることにより，気管支炎，喘息，肺気腫，あるいは肺ガンなどの各種呼吸器疾病をもたらすとともに，硫黄酸化物や窒素酸化物は，自然環境や農林業などに影響を及ぼす酸性雨の原因となる．

大気汚染に対する人々の関心の歴史は古く，石炭の使用が開始された13世紀には，イギリスにおいてすでにばい煙規制に関する法律が制定されている．ばい煙とは，物の燃焼等にともない発生する硫黄酸化物，ばいじん（煤塵），および有害物質である．さらにその後の蒸気機関の発明と産業革命による石炭の多用により，大気汚染が深刻化した．日本においても，四大公害病に数えられる四日市ぜんそく（1960〜1972年）が大気汚染の例として知られている．

なお，局所的な大気汚染を表す用語として，スモッグ*2 がある．スモッグにはロンドン型スモッグとロサンゼルス型スモッグ（光化学スモッグ）の2種類がある．

ロンドン型スモッグは工場や石炭燃焼によって発生したばい煙が原因で，ばいじんによって生じる黒い霧のため別名黒いスモッグともいわれ，冬に発生しやすい．ロンドン型スモッグが原因となる代表的な事件としては，ベルギーのミューズ渓谷事件（1930年12月，63人死亡，数百人が罹患．症状は呼吸器および心疾患），アメリカのドノラ事件（1948年10月，20人死亡，約3,000人罹患．症状は咳，呼吸困難，悪心，嘔吐），イギリスのロンドン事件（1952年12月，約4,000人死亡，多数の罹患．症状は心肺疾患で老人や幼児に顕著）があり，いずれも有害ガスを排出する工業地帯あるいは石炭燃焼地帯で，高気圧下で無風時に逆転層*3 が形成されたという共通点がある[1]．

また，ロサンゼルス型スモッグは1940年代にロサンゼルスで初めて発生が報告され，眼の刺激や落涙といった症状がある[1]．ロサンゼルス型スモッグは夏に発生しやすい．

日本においても，1970年の東京都杉並区での発生確認から注目されるようになった．ロサンゼルス型スモッグの原因物質は光化学オキシダントである．光化学オキシダントは，窒素酸化物や，炭化水素等の紫外線による光化学反応で生成されるオゾンなど酸化物質の総称であり，その生成メカニズムを図3.3に示す．自動車や工場から排出されたVOC（揮発性有機化合物，volatile organic compounds）が，紫外線の影響により化学反応性の高いラジカルを形成する．このラジカルが，同様に自動車などから排出された一酸化窒素に作用

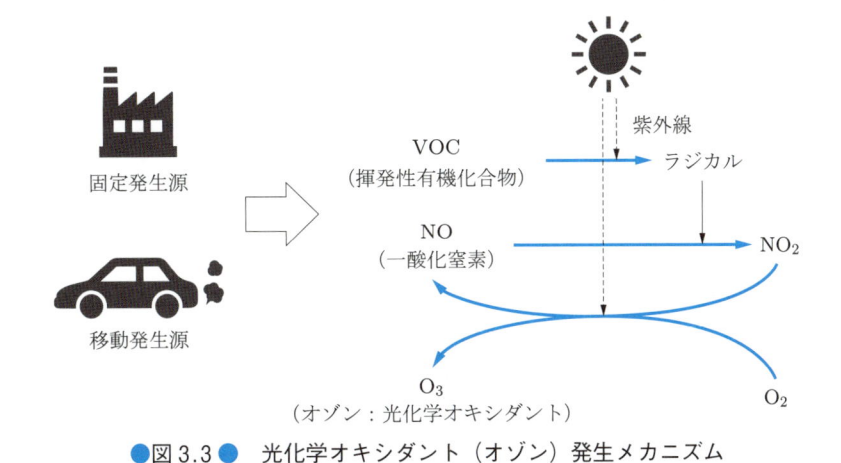

固定発生源

移動発生源

VOC（揮発性有機化合物）

紫外線

ラジカル

NO（一酸化窒素）

NO_2

O_3（オゾン：光化学オキシダント）

O_2

●図3.3● 光化学オキシダント（オゾン）発生メカニズム

---

*2 smog, は smoke（煙）と fog（霧）からできた造語．
*3 高度上昇にともない気温が上昇する（密度が小さくなる）現象で，対流が起きない．

して二酸化窒素を生成し，さらに酸素と反応してオゾンを形成する．さらに NO はオゾンを消費するが，ラジカルによる NO の減少は結果的にオゾン消費の減少につながり，見かけ上オゾンの生成量が増加する[2]．

　一方で，ここ数十年はより毒性の高い**ダイオキ**シン類等の化学物質による大気汚染も懸念されてきている．ダイオキシン汚染は，一般には焼却施設からの排出が話題となることが多いが，事故事例としては，1976 年のイタリアの農薬工場爆発によるダイオキシンの飛散（セベソ事件）が挙げられる．

3.4 各汚染物質の状況

3.4.1　硫黄酸化物

　二酸化硫黄等の硫黄酸化物は，主に硫黄分を含む石油や石炭燃料の燃焼により生成する．また，火山活動によっても生成する．硫黄酸化物は有毒であり，ばいじんとともに前述のロンドン型スモッグを形成することで知られている．硫黄酸化物は水に溶けて酸性を示し，酸性雨の原因となる．二酸化硫黄から硫酸への反応経路を，図 3.4 に示す[3]．

　二酸化硫黄は高濃度で呼吸器に影響を及ぼす[4]．日本における二酸化硫黄の環境中濃度は，全国に設置された**一般環境大気測定局**（一般局，図 3.5）と，**自動車排出ガス測定局**（自排局）においてモニタリングしている．近年の大気中濃度の推移を図 3.6 に示す[6]．図より，1970 年代に改善傾向が見られた後に横ばい傾向にあることと，自排局での測定値が若干高い傾向にあったことがわかる．なお，2006〜2015 年度の環境基準達成率は，一般局で 99.6〜99.9％，自排局で 100％であった[6]．

●図 3.5 ●　環境大気測定局の例[5]

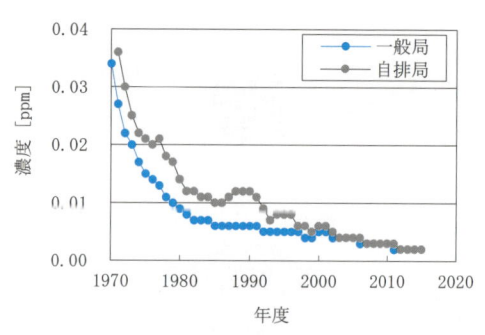

●図 3.6 ●　二酸化硫黄濃度の年平均値の推移
（[6] を基に筆者作成）

───（a）気相反応───
太陽光（紫外線）励起状態での酸素との反応（遅い）
$$SO_2 \xrightarrow{UV} SO_2^* \xrightarrow{O_2} SO_3 + O$$
光化学反応が起こるような条件での反応
$$SO_2 + OH \xrightarrow{M} HOSO_2$$
$$HOSO_2 \xrightarrow{H_2O} HOSO_2(H_2O)$$
$$\xrightarrow{O_2} H_2SO_4 + HO_2$$
酸化性物質やラジカル（RO_x）との反応（水蒸気存在下）
$$SO_2 + RO_x \longrightarrow SO_3 + RO_{x-1}$$
$$SO_3 + H_2O \longrightarrow H_2SO_4$$

───（b）液相反応───
$$SO_2 + H_2O \rightleftharpoons H_2SO_3 \rightleftharpoons H^+ + HSO_3^-$$
$$HSO_3^- + \frac{1}{2}O_2 \longrightarrow H^+ + SO_4^{2-}$$
$$HSO_3^- + O_3 \longrightarrow H^+ + SO_4^{2-} + O_2$$
$$HSO_3^- + H_2O_2 \longrightarrow H^+ + SO_4^{2-} + H_2O$$

●図 3.4 ●　二酸化硫黄から硫酸への生成経路（M は窒素分子や酸素分子で反応の第三体とよばれる）
（[3] を基に筆者作成）

序章

第1章

第2章

第3章

第4章

第5章

第6章

第7章

第8章

3.4.2 窒素酸化物

窒素酸化物は，自然界においては微生物や雷の作用で生成する．また，人為的な起源では一般的な燃焼過程で生じるが，その生成過程によってフューエルNO_xとサーマルNO_xに分けられる．フューエルNO_xは燃料（フューエル）中に含まれる窒素成分の酸化によって生じるものであり，比較的低温でも生成する．一方のサーマルNO_xは，高温条件下での窒素分子と酸素分子の反応によって生じる．また，生成する際は大部分が一酸化窒素（NO）であるが，大気中で酸化されてより毒性が高い二酸化窒素（NO_2）となる．NO_2は光化学スモッグを引き起こす（3.3節）とともに，さらに酸化されて硝酸となり，雨に溶け込んで**酸性雨**の原因となる．

窒素酸化物の環境中濃度も，二酸化硫黄濃度と同じように全国の一般局，自排局においてモニタリングがなされている．その推移は図3.7に示したとおり[6]であるが，図より，硫黄酸化物と同様に，一般局では1970年代の改善傾向とここ数十年の横ばい傾向が見られる．また，一般局と比較した場合に，自排局では高い傾向で推移していることがわかる．

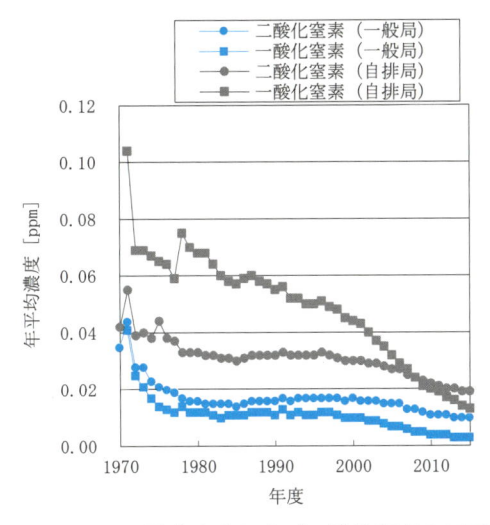

●図3.7● 一酸化窒素および二酸化窒素の年平均濃度の変化

（[6]を基に筆者作成）

3.4.3 浮遊粒子状物質

大気中の粒子状物質は「降下ばいじん」と「浮遊粉じん」に大別され，さらに後者は，日本で大気環境基準が設定されている．粒径10 μm以下の**浮遊粒子状物質**（SPM；suspended particulate matter）とそれ以外に区別される．加えて，粒径2.5 μm以下の**微小粒子状物質（PM2.5）**についても独立の項目として大気環境基準が設定されている[*4]．SPMは下部気道まで侵入するが，PM2.5についてはさらに呼吸器の奥深くまで入り込みやすく（図3.8），ヒトへの影響の度合いが強い．日本では，PM2.5について2009年に環境基準が策定された．

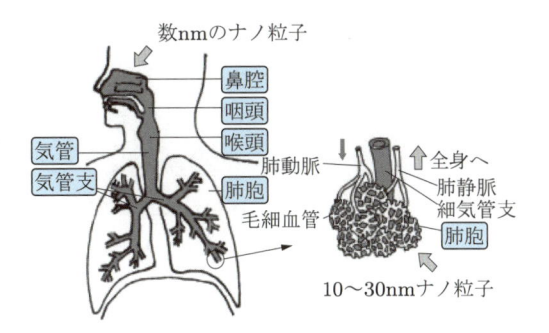

●図3.8● ヒトの呼吸器と粒子の沈着領域（概念図）[7]

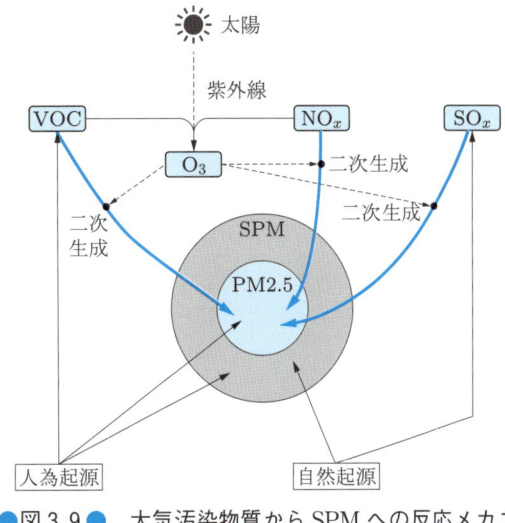

●図3.9● 大気汚染物質からSPMへの反応メカニズム

*4 大気環境基準では，「大気中に浮遊する粒子状物質であって，粒径が2.5 μmの粒子を50%の割合で分離できる分粒装置を用いて，より粒径の大きい粒子を除去した後に採取される粒子」として「微小粒子状物質」を定義し，これについて基準を定めている．

SPM あるいは PM2.5 の生成過程を図 3.9 に示す．SPM，PM2.5 ともに，人為起源，自然起源の生成，あるいは大気中の物質からの二次生成がなされている．このうち，人為起源の SPM あるいは PM2.5 については，エネルギー消費との密接な関係がある．時代の変遷とともにエネルギー源は石炭から石油へと変遷し，石炭由来のばい煙は減少した．しかしながら昨今では，とくにディーゼルエンジンでの軽油燃焼によって生成される**ディーゼル排ガス粒子**（**DEP**；diesel exhaust particles）などの問題が浮上してきている．

DEP は，粒子そのものの毒性もさることながら，その表面に**多環芳香族炭化水素**（**PAH**；poly aromatic hydrocarbon）および**ニトロ多環芳香族炭化水素**（**nPAH**；nitro poly aromatic hydrocarbon）とよばれる毒性物質（図 3.10）が吸着していることが明らかとなっている．すなわち，これらの毒性物質は DEP 表面に濃縮され，DEP を担体（キャリア）として生体中に運搬される経路の寄与がきわめて高いものと考えられる．

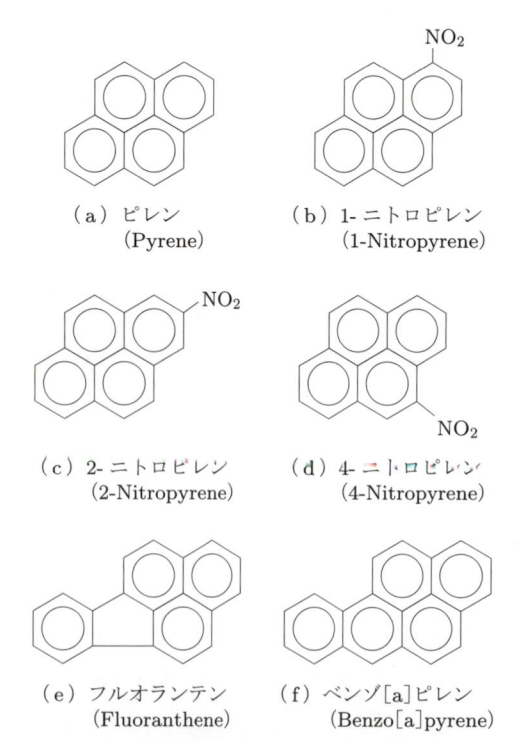

（a）ピレン
（Pyrene）

（b）1-ニトロピレン
（1-Nitropyrene）

（c）2-ニトロピレン
（2-Nitropyrene）

（d）4-ニトロピレン
（4-Nitropyrene）

（e）フルオランテン
（Fluoranthene）

（f）ベンゾ[a]ピレン
（Benzo[a]pyrene）

●図 3.10 ●　多環芳香族炭化水素（PAH），ニトロ多環芳香族炭化水素（nPAH）の例

先の硫黄酸化物や窒素酸化物と同様，日本では浮遊粒子状物質の環境中濃度を全国の一般局と自排局によってモニタリングしている．その推移を図 3.11 に示す[6]．図より，近年横ばい傾向にあることと，自排局で若干高い傾向にあることがわかる．

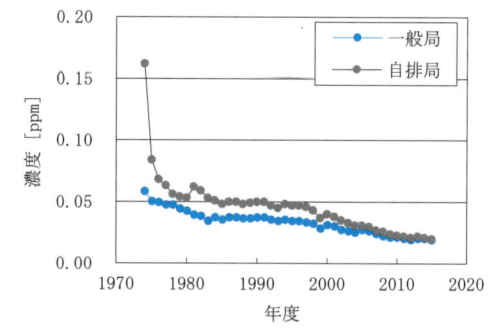

●図 3.11 ●　浮遊粒子状物質濃度の年平均値の推移
（[6] を基に筆者作成）

3.4.4　光化学オキシダント

前述のロサンゼルス型スモッグの原因である**光化学オキシダント**について，1976 年以降の昼間の日最高 1 時間値の年平均値の推移を図 3.12 に示す[6]．2015 年度には 1,173 局（うち一般局 1,144，自排局 29）で測定がなされたが，環境基準を満たした局はなく，きわめて低い水準にある[6]．

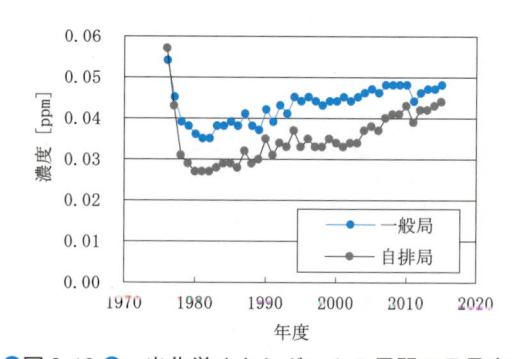

●図 3.12 ●　光化学オキシダントの昼間の日最高 1 時間値の年平均値の推移
（[6] を基に筆者作成）

3.4.5　酸性雨（酸性降下物）

pH が 5.6 を下回った降水は酸性雨とよばれる．ここで判断基準として，pH=7.0（中性）を用い

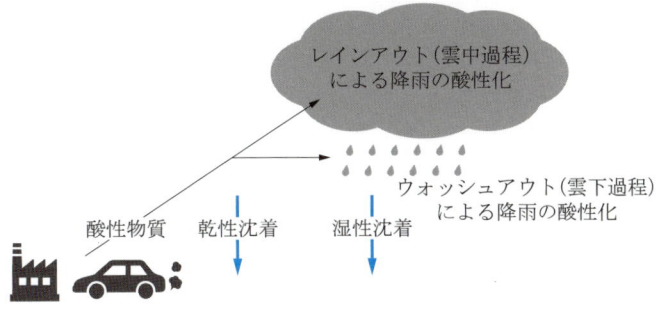

●図3.13● 酸性降下物生成の概略

ない理由は，大気中の水滴はそもそも大気中の二酸化炭素を溶かしこんでおり，大気と平衡となる状態では pH が5.6の酸性を呈するためである．つまり，この pH 値を下回った場合に，何らかの原因物質の作用により雨の水素イオン濃度が高くなったと考えられ，通常より酸性が強いものと判断される．また，大気からの酸性の降下物には，この酸性雨ばかりでなく酸性のガスや粒子等もある．降水による降下によって地表面に酸性物質が沈着する場合を湿性沈着，ガスや粒子による場合を乾性沈着とよぶ．また，これらを総称して酸性降下物とよぶ．

降雨の酸性化，すなわち酸性雨の形成は大きく分けて二つの過程からなる．一つは雲の形成過程における酸性物質の寄与であり，雲中過程（レインアウト）とよばれる．ここでは，酸性の塩を含んだ大気中粒子が雲粒形成のうえでの凝結核とな

り，酸性化した雲粒や氷晶の形成に寄与するとともに，さらに雲粒への酸性物質の溶解が起きる．もう一つは，降水の降下過程で生じ，大気中の硫黄酸化物や窒素酸化物などが酸化性ガスとともに降水中に溶け込み，さらに液相中で反応を起こして酸性イオンを形成する．これを雲下過程（ウォッシュアウト）とよぶ[8]（図3.13）．

酸性雨は，とくに北アメリカやヨーロッパで問題となっており，今日までそのモニタリングが行われてきている．その結果，酸性雨には明確な発生域と降下域があることや，酸性雨が国境を越えた広域的問題であることがわかっている．なお，日本では全国にある酸性雨測定所において酸性雨のモニタリングを行っている．2008〜2012 年度の調査では，降水の年平均 pH が 4.60〜5.21 であり，現在でも酸性化した状態が続いている[9]．

3.5 大気汚染防止技術

大気汚染対策方法は，大きく二つに分けられる．つまり，発生した汚染物質の除去・無害化法と，発生源対策といわれる発生そのものを抑制する方法である．

3.5.1 大気汚染物質の除去・無害化

排気ガスの処理は，その含有成分に応じてさまざまな方法がとられる．処理対象がガス状物質であれば，化学反応による無害化，あるいは固相，液相へ吸収させる方法などがある．粒子状物質で

あれば，重力を利用して集じんする方法やフィルターを通じて粒子をトラップする方法などがとられる．もちろん，前者は対象となるガスの化学的性質を十分に理解して対策を講じ，後者は対象となる粒子の物理学的性質を考慮して装置を選択する．

（a）排煙脱硫

排煙脱硫法は湿式法，乾式法，半乾式法の三つに大別され，湿式法には石灰石こう法や水酸化マ

●図3.14●　排煙脱硫装置の外観
（提供：JXTGエネルギー（株））

グネシウム法が，乾式法には活性炭法が，半乾式法ではスプレードライ法がそれぞれ代表的な例として含まれる．これらのうち，主流は湿式法である[10].

　石灰石こう法は，とくに火力発電所などの大型プロセスで用いられる．その外観を図3.14に示す．同法では，排ガス中の二酸化硫黄 SO_2 を水中に吸収させて酸化し，石灰石 $CaCO_3$ と反応させて石こう $CaSO_4 \cdot 2H_2O$ を得る．総括反応は以下のとおりである．その最大のメリットは原料となる石灰が安価で入手しやすいことである．

$$CaCO_3+SO_2+\frac{1}{2}H_2O$$
$$\longrightarrow CaSO_3 \cdot \frac{1}{2}H_2O+CO_2 \quad (3.1)$$
$$CaCO_3 \cdot \frac{1}{2}H_2O+\frac{1}{2}O_2+\frac{3}{2}H_2O$$
$$\longrightarrow CaSO_4 \cdot 2H_2O \quad (3.2)$$

　一方，小型脱硫でよく用いられるアルカリ水溶液法は，SO_2 をアルカリと反応させ，硫酸塩を生成させるものである．とくに，アルカリとしてアンモニア水溶液を用いる方法は，副生成物として肥料となる硫酸アンモニウム $(NH_4)_2SO_4$ が得られる[11].

（b）排煙脱硝

　（a）の排煙脱硫が湿式を主流とするのに対し，排煙からの窒素酸化物の除去（排煙脱硝）法は乾式が主流である．これは，窒素酸化物の水への溶解度が硫黄酸化物ほど高くないためである．その中でもとくに，アンモニアを用いた選択的接触還元法とよばれる方法が主流である．同法では，NO と NH_3，O_2 の反応，あるいは NO_2 と NH_3 の触媒上での反応により窒素ガス N_2 と水 H_2O が発生する．

　また，窒素酸化物の排出は，固定発生源はもとより自動車などの移動発生源からの生成も多い．ガソリンエンジン自動車の排ガスには，三元触媒法が適用される．三元触媒上での一酸化窒素の反応は以下のとおりである．

$$NO+CO \longrightarrow \frac{1}{2}N_2+CO_2 \quad (3.3)$$
$$NO+(HC) \longrightarrow \frac{1}{2}N_2+CO_2+H_2O \quad (3.4)$$
$$NO+H_2 \longrightarrow \frac{1}{2}N_2+H_2O \quad (3.5)$$

　同法では，排気ガス中の炭化水素（HC），一酸化炭素，および窒素酸化物の3成分を同時に除去するという特徴がある．この反応は化学量論比に敏感であり，空気と燃料の比（空燃比）を適正にコントロールする必要がある．また，反応を維持するための温度管理も重要となる．

（c）集じん

　ガス中に浮遊する粒子（あるいはミスト）を分離・除去する操作が集じんである．除去対象となる粒子，ミストのサイズや対象となるガスの温度，浮遊物質の濃度，処理条件などによりさまざまな集じん方法が提案されてきている．

　遠心力を用いるサイクロン装置は構造が比較的単純であり，近年では家庭用掃除機などでも採用されている．排ガス処理で用いられるサイクロンの概略構造を図3.15に示す．粒子を含む排ガスがサイクロンに導入されると，その構造に従いガスは回転運動をする．このとき粒子が遠心力によりサイクロン壁面に衝突し，下部から排出される．

　そのほかに，排ガスに洗浄水を接触させることで粒子を水中に吸収するスクラバーや，非常に小さいサイズの浮遊物質を高い除去率で除去するエアフィルターなどのろ過集じんなどがある．電気

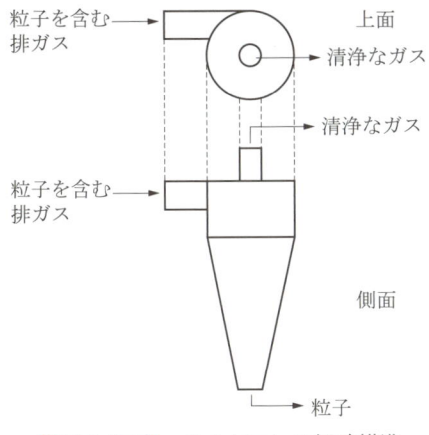

●図 3.15 ● サイクロンの概略構造

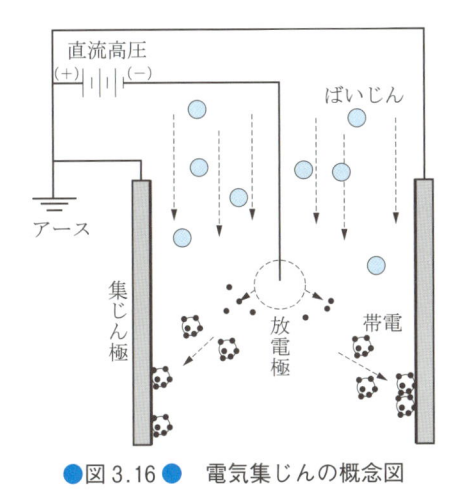

●図 3.16 ● 電気集じんの概念図

集じんは排ガス中に電圧をかけて粒子を負に帯電させ，集じん極に捕集する方法である（図 3.16）．処理ガスを高速で流しても圧力損失が小さく，大容量のガス処理に適している[12]．

3.5.2 発生源での対策

ここでいう発生源での対策とは，大気汚染原因の発生原因を追究し，その発生源において根本的に抑制しようというものであり，抜本的な対策と位置づけられる．

発生源対策はとくに燃料分野での試みが広く行われており，一般に燃料改質技術とよばれている．水素化脱硫装置（重油間接脱硫装置）の外観を図 3.17 に示す．石油中に含まれる硫黄分は，メルカプタン（R-SH），スルフィド（R_1-S-R_2），ジスル

フィド（R_1-S-S-R_2），チオフェン（C_4H_4S）等である．これを触媒上で水素化すると，以下の式に従い硫黄が硫化水素として除去される．

メルカプタン
$$R\text{-}SH+H_2 \longrightarrow RH+H_2S \tag{3.6}$$
スルフィド
$$R_1\text{-}S\text{-}R_2+2H_2 \longrightarrow R_1H+R_2H+H_2S \tag{3.7}$$
ジスルフィド
$$R_1\text{-}S\text{-}S\text{-}R_2+3H_2 \longrightarrow R_1H+R_2H+2H_2S \tag{3.8}$$
チオフェン
$$C_4H_4S+4H_2 \longrightarrow C_4H_{10}+H_2S \tag{3.9}$$

また，現在欧米で盛んな植物油を原料としたバイオディーゼル燃料製造（6.6 節参照）も，燃料の低硫黄化技術の一つと考えられる．原料の植物油には硫黄分がほとんど含まれず，結果的にディーゼル内燃機関から大気中への硫黄酸化物放出が抑えられることになる．

●図 3.17 ● 重油間接脱硫装置の外観
（提供：JXTG エネルギー（株））

序章

第1章

第2章

第3章

第4章

第5章

第6章

第7章

第8章

3.1 チオフェン（C_4H_4S）1.0 kg を水素化脱硫するために理論的に必要な水素の質量はいくつか．ただし，水素，炭素および硫黄の原子量をそれぞれ 1，12，32 とする．

解答 チオフェン 1.0 kg は，

$$\frac{1.0}{12 \times 4 + 1 \times 4 + 32} \times 1,000 = 12 \text{ mol}$$

に相当する．式（3.9）より，チオフェン 1 mol の水素化脱硫には 4 mol の水素が必要であるため，チオフェン 12 mol には 48 mol の水素，すなわち 84 g の水素が必要となる．

演・習・問・題・3

3.1
2 種類のスモッグの名称と原因，特徴を述べよ．

3.2
大気中の揮発性有機炭素（VOC）が増加すると，光化学オキシダントであるオゾン濃度はどう変化するか．その理由も含めて述べよ．

3.3
近年，大気汚染物質として話題となる PM2.5 はなぜ毒性が高いのか，ヒトの身体の特徴をふまえて述べよ．

3.4
酸性雨とみなされる pH はいくつ以下か．その理由も述べよ．

第4章

土壌環境

　土壌には，植物が根を張る土台，植物への水分・養分の供給源，土壌微生物の生存圏，などさまざまな役割があり，生態系における物質循環を支えている（図4.1）．また，食糧生産と生態系維持も担っている．このため，土壌が化学物質によって汚染されると，ヒトの健康，農作物や植物の生育，生態系への悪影響が生じる．いったん汚染されると元の状態に修復するために多大な費用を要するので，汚染を未然に防ぐ対策が重要になる．その際，土壌が流動性のない固体であり，第2・3章で扱った水・大気と異なることに着目したい．本章では，土壌汚染と食糧にかかわる諸問題を扱う．

KEY WORD

土壌・地下水汚染	重金属	農薬	有機塩素化合物	バイオレメディエーション
食糧問題				

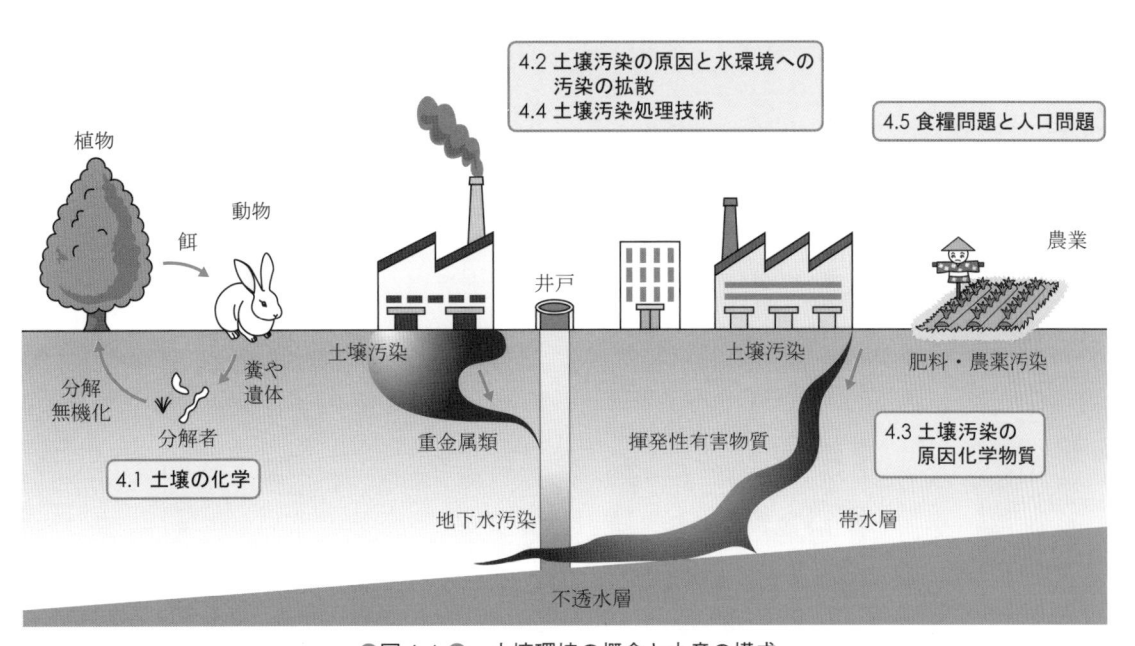

●図 4.1 ●　土壌環境の概念と本章の構成

4.1　土壌の化学

　土壌は，岩石の風化産物である砂・れき等と，植物体および有機物が混ざってできたものである．図 4.2 に土壌粒子の構造を示す．土壌中のさまざまな大きさの粒子は，粘土鉱物や有機物によって結合し，団粒構造をもつ．団粒の間には孔隙とよばれる隙間があり，水や空気を保持し，植物が生育しやすくなっている．つまり，土壌は気相，液相，固相の三相がバランス良く含まれることで，通気性や保水性を適切に保ち，植物の成長の土台になり，さまざまな生物の活動を支える．土壌には，植物だけでなく多種多様な生物が存在する．土壌中の微生物は有機物を分解する．有機物は二酸化炭素 CO_2 となって大気中に放出され，植物の光合成によってデンプンになり，植物体または動物に取り込まれた後に，再び遺体となって土壌の上で微生物分解を受ける，という循環系を形成している．土壌微生物の種類や数は非常に多く，土壌 1 g 中に 1 万個以上の細菌が生存している．土壌は生物の根源である．ヒトは，土壌に含まれる成分である有機質，腐植体，微生物，ミネラル等によって作られた森林や農作物によって養われている．

　図 4.3 に土壌の断面図を示す．土壌の構造は，R 層とよばれる母岩の上に，団粒構造がほとんどない C 層，その上に A 層からの溶脱物質（後述）が集積する B 層がある．B 層は，mm 〜 µm のオーダーで粒径が次第に細かくなる砂や粘土の層

（いわゆる土）であり，さらに上部に，新鮮な有機物（動植物の遺体）や腐植物質等の有機物からなる A 層がある．最上部の O 層（A_0 層ともいう）は落ち葉などの堆積層である．O 層から B 層にかけて存在する腐植物質は，動植物の遺体や排せつ物が土壌中の小動物や微生物による分解生成物と反応して生成した，暗褐色，無定形の高分子化合物であって，土壌中では粘土等の無機成分と結合して存在する．加えて，土壌は岩石が風化して生成したものであるから，岩石に含まれていた多くの種類の重金属が残っている．根から吸収されるため，玄米等の植物体中にも微量に存在している．

　O 層は非常に薄いが，多くの生物が存在し，とくに植物の種子が存在するので，別名をシードバンクともいう．工事などで安易に表土を運搬することで，本来その生物が存在するべきではないところに移動してしまうこともある．概して，高緯度地域の土壌では，低温であることから落葉や枝などの生物の残さの分解は遅く，O 層が厚くなる．バクテリアよりも菌類の活動が優先され，有機酸が多く生成されるため，土壌は酸性に傾く．結果として，酸化鉄や酸化アルミニウムが溶脱[*1]するため，O 層の土壌の色は灰白色になる．一方，低

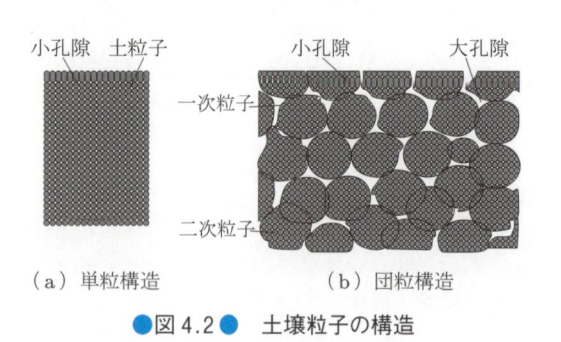

小孔隙　土粒子　　　　小孔隙　　　　大孔隙

一次粒子

二次粒子

（a）単粒構造　　　　（b）団粒構造

●図 4.2●　土壌粒子の構造

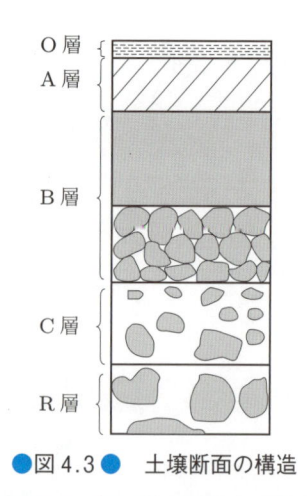

O 層
A 層
B 層
C 層
R 層

●図 4.3●　土壌断面の構造

> *1　溶脱とは，水溶性成分が土壌から溶出することをいう．また，溶脱の反対を集積といい，主に水分蒸発などの結果として土壌の表層付近に塩分などが集まることをいう．

緯度地域の土壌では，それらの生物の残さはいち早く分解されるため，O層は薄くなる．土壌はアルカリ性を示し，ケイ酸塩が溶脱し，酸化鉄や酸化アルミニウムは残存するため，O層の土壌の色は赤色や黄色になる．

粘土は電気的には負に帯電しやすい性質をもっている．また，動植物の遺体等の腐植も負に帯電しやすい性質がある．実際の土壌では，腐植に粘土を中心とする鉱物成分が絡み合い，負に帯電していることが多い．これによって，土壌表面にさまざまな陽イオンが吸着・保持されることになる．

ところで，陽イオンの土壌への吸着のしやすさの程度は種類によって大きく異なる．重金属には六価クロム[*2]のように土壌中を移動しやすいものもあるが，より土壌に吸着されやすい陽イオン，すなわち選択性の高い陽イオンは，他の選択性のより低い陽イオンを排除して土壌と結合する．このような陽イオン選択性は，土壌環境を決める最大の要因である．また，植物に吸収されやすい状態になるかどうかは，土壌の酸性度（pH）の状態

に依存する．たとえば，植物が土壌から養分を吸収するとき，根から選択性の高い水素イオン H^+ を放出する．水素イオン H^+ が土壌に吸着される代わりに，脱着する他の陽イオン（カリウムイオン K^+ 等）が土壌水中に移行し，その後，植物に吸収される（式 (4.1)，(4.2)）．つまり，植物は陽イオンの選択性を利用して養分を吸収する．

$$根 \longrightarrow H^+ \rightleftharpoons 土壌 \tag{4.1}$$
$$土壌 \rightleftharpoons K^+ \longrightarrow 根 \tag{4.2}$$

また，過剰に供給された肥料は，栄養分として植物に利用されるが，残りは土壌表面に存在する別の陽イオンと交換して土壌に保持される．また，有害な重金属は一般的に選択性が高く，土壌に強く吸着されるため，重金属でいったん汚染された土壌を浄化することはきわめて困難である．逆に見れば，土壌中の陽イオンのもつ選択性は，土壌や地下水の汚染の拡散を抑制する役割も果たしている．

4.2 土壌汚染の原因と水環境への汚染の拡散

土壌は，環境の重要な構成要素である．ヒトをはじめとする生物の生存の基盤として，また物質の循環維持の要として重要な役割を果たしており，食糧生産機能や水質浄化・地下水涵養（かんよう）機能等，多様な機能をもっている．しかし，土壌は固体であるため，一般にひとたび汚染されると，その修復は気体である空気や液体である水の汚染よりも難しい．また，土壌はその組成が複雑で有害物質に対する反応も多様であり，有害物質が蓄積される場合は汚染状態が長期にわたるという特徴をもっている．図4.4に地上から土壌への汚染の移動を示す．重力があるため，地表で発生した化学物質等による環境汚染は，土壌汚染も引き起こすことになる．

さて，土壌は大気，水と相互に関連して存在し

ているので，土壌環境は大気汚染，水質汚染とも関係が深い．図4.5に土壌汚染の環境への広がりを示すように，土壌中の汚染物質は大気や地下水等へ移動する．また，図4.6に土壌汚染が及ぼすヒトへの影響の経路を示す．土壌汚染は最終的に

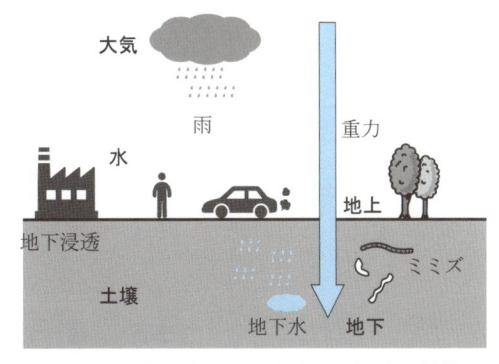

●図4.4● 地上から土壌への汚染の拡散

ヒトを含む生物に対して影響を与えることになる*3.

　土壌環境対策は，1991年に土壌環境基準の制定，

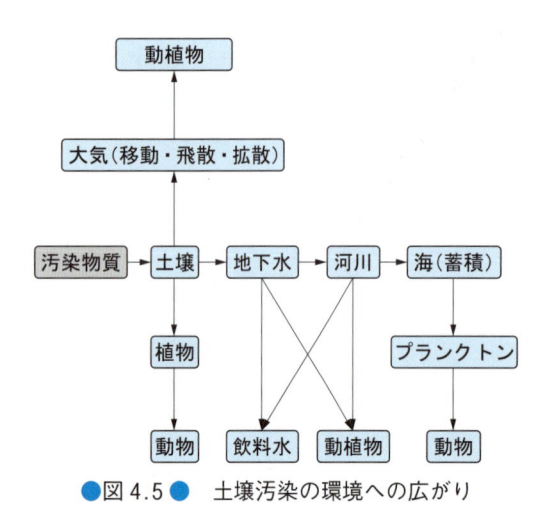

●図4.5● 土壌汚染の環境への広がり

1994年にVOCなど15項目の基準追加，2011年にフッ素，ホウ素が基準追加，2013年に土壌汚染対策法施行，という流れで進んできた．一方で，この間にも汚染事例件数が増加している（図4.7）．

　こうした土壌汚染にともなって，地下水も汚染される．図4.8に，2013年度の地下水質測定での環境基準超過件数を物質ごとに示す．この図より，基準超過件数で突出しているのは硝酸性窒素および亜硝酸性窒素であり，この主な要因の一つは，農地への化学肥料などの大量施肥が挙げられる．持続可能な農業を考える場合，環境に一定以上の負荷を与えないように適正な施肥が求められる．次に，テトラクロロエチレンなどの有機塩素化合物，件数はさらに少ないがヒ素などの重金属も，環境基準以上の濃度で検出されている．

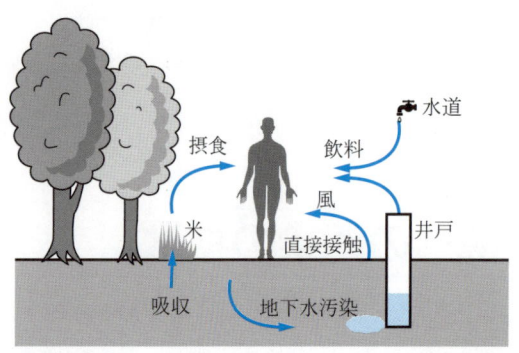

●図4.6● 土壌汚染が及ぼすヒトへの影響の経路

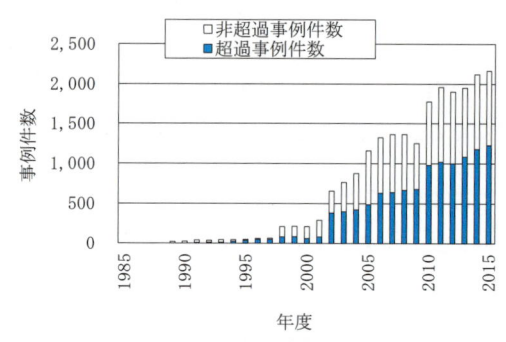

●図4.7● 土壌汚染事例件数の推移[1]

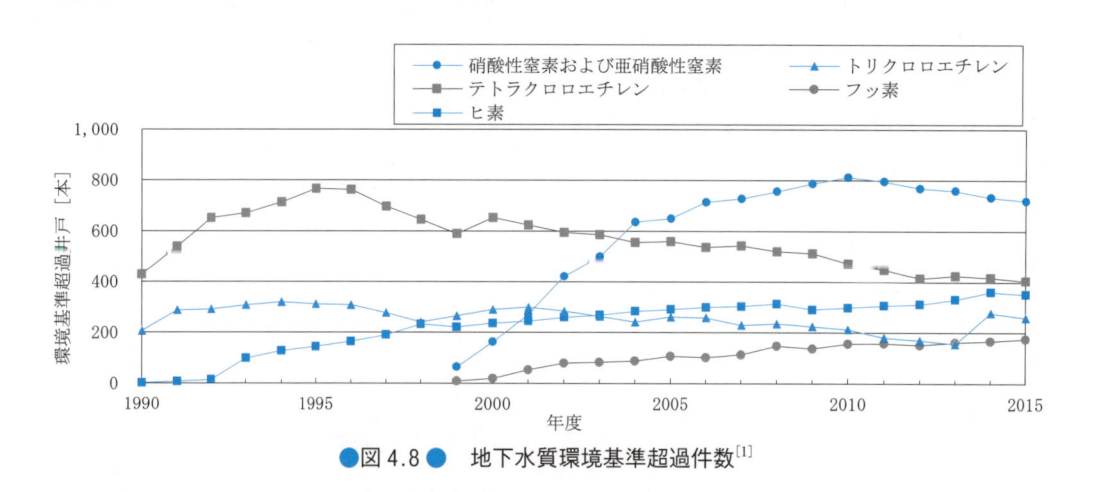

●図4.8● 地下水質環境基準超過件数[1]

★3　原発から放出されたことで注目を集めている，放射性セシウムCsによる土壌汚染の問題についても，効果的な対策を講じる必要がある．セシウムが土壌表面に漂着してから，下部へと拡散する速度は，ほかの金属に比べて小さいことが知られている．

4.3 土壌汚染の原因化学物質

土壌汚染には，さまざまな原因物質がある．すなわち，鉱山の排水に含まれる重金属，工場からの揮発性有機化合物，農地への農薬の過剰な散布，農地への窒素肥料の過剰施肥による硝酸性窒素，産業廃棄物や一般廃棄物などである．

市街地土壌でも化学物質による汚染が見つかり，事業者による自主的な調査や自治体の条例に基づく調査が増えてきたことから，汚染事故の判明件数は急激に増加している（図 4.7）．表 4.1 に土壌・地下水汚染の事例を示す．

最近では，東京都中央卸売市場の移転予定地である東京都江東区豊洲の汚染が問題となっている．都市ガス製造工場の跡地であったため，その製造工程で発生したベンゼンやシアン化合物による土壌汚染が確認された．この事例では，汚染修復費として 800 億円以上の費用がかかっている．

土壌や地下水中での化学物質は，動きが遅いため拡散，希釈されにくく，重金属や難分解性の物質は，地下水や土壌中に長期間滞留する．長期の実測においても，地下水中の濃度の変化はきわめて遅いことが明らかとなっている．汚染後の対策はこのような理由から一般に困難である．汚染土壌を除去しても，地下水の環境基準を満足するまで修復するのに多大な費用と長い時間がかかるので，汚染を未然に防止することが必要となる．

4.3.1 重金属による土壌汚染

土壌汚染は，わが国でもっとも早く社会問題化した環境問題の一つである．土壌中の重金属は植物，農作物の生育を阻害し，収穫量を低下させる．また，農作物中の重金属等は生物濃縮を通じてヒトの体内にも蓄積され健康被害を与える．これら土壌の重金属汚染の原因は，主として鉱山や製錬所であった．また，1970 年代には富山県の神通川流域で，イタイイタイ病というカドミウム Cd による深刻な健康被害が顕在化した．汚染農地から収穫された米が，カドミウムの主要な曝露経路の一つであることが判明し，重金属等による農用地土壌汚染が問題となった．これをきっかけとして土壌汚染対策法が制定された．

■表 4.1 ■ 土壌・地下水汚染の事例

原因物質	場所	発見時期	内容
六価クロム	東京都江東区 （化学製品工場跡地）	1970 年代	化学製品メーカーが，発生した六価クロム鉱さいを利用して埋め立てた土地を東京都が購入し，住宅地として開発した後に土壌汚染が発覚した．メーカーと東京都の間で和解が成立．対策費用は 200 億円以上と推定，かなりの部分をメーカーが負担したとされている．
揮発性有機化合物 （VOC）	千葉県君津市 （稼働中の半導体工場）	1987 年	半導体工場付近の井戸から有機化合物が検出され，君津市が調査，汚染の主な原因は工場であることが確認された．いわゆるハイテク汚染の典型的な例である．会社側は，調査・対策費の大半を負担するとともに，住民に対して補償金を支払った．
重金属・PCB	広島県福山市 （化学薬品工場跡地）	1991 年	化学薬品メーカーの工場跡地の再開発計画の途中で汚染が発見され，開発が中断した．同社は汚染修復費として 100 億円以上の特別損失を計上した．土壌汚染の調査・修復作業のため，工場跡地の再開発計画は大幅に遅れた．
水銀	東京都八王子市 （農薬工場跡地）	1992 年	ドイツの化学メーカーの日本法人が 1992 年に工場を閉鎖．跡地利用に向けた自主調査により，土壌汚染が発見された．対策については，汚染土壌に水蒸気を加えて水銀を気化させ，分離・回収する方法が採用された．費用は約 70 億円と報じられている．

土壌が重金属によって汚染されているかどうかを判定するのに，植物の被害観察が有用な場合がある．元素ごとに特有の症状があり，重金属の定性把握に役立つ．銅 Cu やニッケル Ni のように根に集積する元素はインゲンマメの根の伸長を阻害し（図4.9），コバルト Co，亜鉛 Zn では葉が黄変する．これは，鉄 Fe の吸収利用を阻害するので，鉄クロロシス症という．また，マンガン過剰症のように，吸収阻害をともなわずに組織が壊死していくネクロシス症が現れるものもある．

ごく微量な重金属は植物にとって必須なものが多いが，過剰に存在すると上述のような被害を受ける．しかし，中には特定の重金属の濃度が高い土壌で生育する植物がある．これを耐性植物という．たとえば，亜鉛鉱山や精錬所周辺にはシダ植物の一種であるヘビノネゴザが群生している．この植物体には，亜鉛 0.2 wt%，カドミウム 0.1 wt% というように高濃度で含まれており，鉱脈を探すときの指標生物とされてきた．

このような耐性植物の重金属吸収能力の高さを利用して，4.4.2項に後述するバイオレメディエーションの可能性も研究されている．ヘビノネゴザの根域では，ヒ素などの特定の重金属濃度が有意に低下するという研究結果が報告されている．

一般に，重金属による土壌汚染の被害は，アルカリ性土壌よりも酸性土壌の場合に深刻になる．

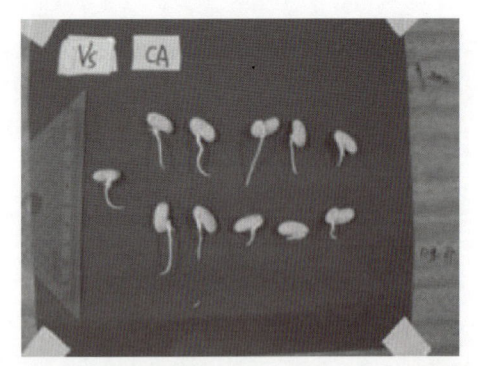

●図4.9● 銅を曝露したインゲンマメの発根障害
（左が対照区，右に行くほど高濃度）

これは，酸性土壌中にはイオン化傾向の低い水素イオンが多く含まれ，重金属がイオンとして存在する割合が増加し，重金属が土壌に吸着しにくくなるためである．また，重金属の中でも水銀 Hg，カドミウム Cd，クロム Cr，鉛 Pb，銅 Cu 等はとくに土壌に吸着しやすいので，いったんそれらによって土壌が汚染されると，除去することはきわめて困難である[*4]．

4.3.2　農薬による土壌汚染

農薬による土壌汚染は，農薬による水質汚染と関連がある．とくに，わが国の農業は水田中心の集約農業であり，諸外国に比べて単位面積あたりの農薬の使用量も多い．農薬には薬効持続性を付与してあるので土壌中にも残留し，作物に吸収されて農畜産製品を汚染することがある．また，有機塩素系農薬は脂溶性があるため，摂取により動物の脂肪組織内へ濃縮しやすく，慢性中毒の危険もある．土壌残留性農薬は農薬取締法[*5]で指定されており，使用基準の設定，あるいはウリ類，イモ類，根菜類等への使用の指導等の規制が行われている．農薬の散布によって，土壌に農薬が残留することや作物に農薬が移行して問題になることがあるが，現在使用が許可されているポジティブリストに掲載されている農薬には，消費者にただちに健康被害が懸念されるような急性毒性をもつものはない．むしろ，散布している農業者が，農薬の調製時や散布時にミストを直接吸引して曝露されることのほうが，健康被害として懸念するべきことである[*6]．

農薬は，作物にとって有害な動植物や菌類を殺滅するために開発された．したがって，農薬は生物の代謝を阻害する活性物質である．農薬の使用は有用動植物等にも同様な被害を与え，直接・間接的に食物連鎖を通して生態系を破壊するばかりでなく，ヒトへの農薬の蓄積をもたらしていることが大きな社会問題となった．

[*4]　重金属ではないが，2011年の東日本大震災にともなう福島第一原子力発電所の事故により，放射性セシウムが拡散して全国の土壌を汚染した（序.3.4項参照）．
[*5]　農薬の登録制度，販売と使用の規制により，安全かつ適正な農薬の使用を目的としている．

農薬が農耕地に散布された場合，作物に付着する量は比較的少なく，大半が土壌に降下し，土壌微生物にも影響を与える．土壌へ降下した農薬は，一部は大気中に揮散し，一部は光分解を受け，あるいは地下水へ溶脱するが，大部分は土壌粒子に吸着され，通常，土壌表面から 1〜3 cm くらいのところに保持されている．農薬の土壌吸着量が大きいと，土壌空気中や溶液中の農薬濃度が低くなるため殺虫・殺菌効果が少なく，また分解されにくくなるため残留性が高くなる．一般に，有機塩素系農薬は有機リン系農薬よりも残留性が高く，1 年経過してもまだ半分以上残留しているものが多い．

また，作物に付着，吸収された農薬も，作物残さが有機質肥料として施用されれば，付着または吸収されていた農薬が土壌を再度汚染する．しかし，土壌中の農薬の一部は作物に吸収され，一部は土壌微生物，日光，地下浸透，蒸発等によって分解，流出，消失する．地下水や周辺水環境に流出した農薬は下流の河川を汚染し，農薬による環境汚染は拡大する．

近年，農薬汚染を引き起こし，社会的に問題化した農薬の代表例を挙げると，DDT（dichloro-diphenyl-trichloroethane），BHC（benzene hexa-chloride），PCP（pentachlorophenol（図 4.11）），アルドリン等の有機塩素剤，パラチオン等の有機リン酸剤，フェニル水銀等の有機水銀剤等がある．

わが国では，DDT は第二次世界大戦後に「人畜無害」といわれてシラミ，ノミの駆除剤として頭や体が白くなるほど大量に用いられていたものである．PCP は呼吸阻害剤の一種であり，魚類に対する毒性が高く，とくに淡水魚等に大きな被害を与えた．パラチオンは，第二次大戦中ドイツが化学兵器として開発した化学物質である．イネにつくニカメイガの殺虫効果に優れていたため，広く農薬として普及したが，毒性が高く，中毒事故が続出した．

このような農薬は現在，使用禁止となっているが，多くの農民の健康を損ね，悲惨な中毒死事件を起こし，消費者にも体内汚染をもたらしたのである．

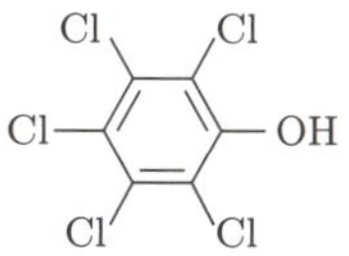

$$Cl \quad Cl$$
$$Cl - \bigcirc - OH$$
$$Cl \quad Cl$$

●図 4.11 ● ペンタクロロフェノールの構造式

4.3.3 有機塩素化合物による土壌汚染

トリクロロエチレン，テトラクロロエチレン，トリクロロエタン等の有機塩素系溶媒は，半導体産業の IC チップの洗浄剤やドライクリーニングの洗浄用溶媒等として幅広く利用されている．しかし，これら溶媒の回収率はいずれも 20% 以下と低く，企業による環境へのたれ流しが暗黙のうちに認められてきたのが現状であった．毒性，発ガン性，変異原性を示すこれらの有害物質による地下水汚染は，半導体産業が発展した 1980 年代から「ハイテク汚染」として問題になっている．これらの有機塩素化合物は，その管理や使用方法，処理の仕方を誤ると，広範囲で深刻な土壌・地下水汚染が起きる．近年の調査では汚染が深刻化しており，貯蔵タンクの破損による地下浸透など，原液に近い濃度で汚染されている事例も報告され

★6　持続性の高い農業生産方式の導入の促進に関する法律が1999 年に制定され，土づくりと化学肥料・化学合成農薬の使用低減に一体的に取り組む農業者をエコファーマーとして育成することが国策として推進されている．農薬の使用を抑制するためには，図 4.10 に示したような一枚の畑にさまざまなものを栽培する混作など，生物多様性を意識した農業が有効になることが多い．一種類だけの作物を作ると病害虫の被害が甚大になるため，多種多品目を同時に栽培することで，農薬使用を抑制しつつ病害虫被害を防止する．一畝ごとに違う作物が植えてあり，科ごとに共通しない病害虫は隣に伝播していかない．

●図 4.10 ● 混作の例

ている.

揮発性有機化合物がもつ一般的な性質としては，難溶解性，低粘度，高揮発性，土壌への低吸着性，残留性等が挙げられる.

**例題 4.1**　ある農薬の 1,000 倍希釈水溶液を農地 10 a（アール）に 100 L 散布した．作物による農薬の付着や吸収，蒸発による飛散が一切なく，散布した農薬がすべて土壌の表層に移行したとする．表層土壌の農薬濃度 [g/m^2] を概算せよ．ただし，10 a＝1,000 m^2 である.

解 答　1,000 倍希釈ということは，100 L 中に農薬原体が 0.1 g 含まれていることになる．よって
$0.1\ g/1,000\ m^2 = 1.0 \times 10^{-4}\ g/m^2$
となる.

例題 4.2　土壌中の汚染物質の濃度の単位は通常 mg/kg が使われることが多い．例題 4.1 の農薬が表層 1 cm の土壌にすべて含まれると仮定する．土壌密度は 2.6 g/cm^3 であるとして，表層 1 cm までの土壌中に含まれる農薬濃度を mg/kg の単位で表示せよ.

解 答　1 m^2 あたりで計算する.
$1.0 \times 10^{-4}\ g/m^2 \times 1\ m^2 / (1\ m^2 \times 1\ cm \times 2.6\ g/cm^3) = 3.84 \times 10^{-9}\ g/g$
$= 3.84 \times 10^{-3}\ mg/kg$
mg/kg は溶液濃度の mg/L に相当するので，土壌濃度でも 1 mg/kg を 1 ppm と表すことがある.

4.4 土壌汚染処理技術

土壌・地下水汚染が発見された場合は，まず汚染状況の正確な把握が必要になる．そのうえで，汚染の浄化が必要であると判断された場合は，最適な汚染修復技術を選択し，浄化作業を行うことになる．土壌・地下水汚染対策の歴史が比較的浅い日本とは異なり，アメリカでは 1980 年にスーパーファンド法[*7]とよばれる土壌・地下水汚染の浄化を命じる法律が制定されて以来，積極的にこの問題に取り組んでおり，種々の汚染修復技術が開発されている.

土壌汚染防止対策には以下の 3 段階がある.
1) 汚染の未然防止
汚染原因物質の使用停止，使用量の低減，代替品への転換
2) 原因物質の漏洩・拡散防止

機器の改良，クローズドシステム（閉鎖系），汚染土壌の封じ込め，地下水との接触防止
3) 汚染物質の除去，無害化

1), 2), 3) の順に効果が高く，要する費用も少なくて済むため，土壌汚染防止はこの順に努力をすべきである．対策を進めるにあたっては，まず土壌汚染度の把握が必要である．各国で種々の公定法（サンプリング法，分析法）が定められているが，ISO（国際標準化機構）が土壌汚染検査や土壌汚染評価方法の国際規格への統一を図っている．米国ではラブキャナル事件[*8]などを契機に，汚染用地の所有者には過去にさかのぼっての浄化義務を課すようになっている.

---

*7　米国の包括的環境対処保証責任法.
*8　米国のスーパーファンド法成立のきっかけとなった事件．ニューヨーク州のラブキャナルとよばれる使われなくなった運河に 1930 年代以降，産業廃棄物や大量の有害物質が廃棄された．その後，跡地に学校や住宅が建設されたものの，1976 年頃になって廃棄された化学物質が漏れ始め，発ガン性物質を含む多くの化学物質が検出された．付近の住民に流産や発ガンなどの健康被害が発生した.

4.4.1　主な処理技術

　汚染された環境の修復には，一般には未然防止策を大きく上回るコストを必要とする．排ガスや排水中の高濃度の汚染物質を除去するのに対して，大気や水，土壌中に拡散した低濃度の汚染物質を除去するのは格段に困難である．

　土壌汚染の汚染処理技術にはさまざまな手法がある．現位置で安全に封じ込める技術は，汚染土壌の毒性の強い場合に適用される．セメントや水ガラス等で固化または不溶化し，汚染土壌の汚染範囲を拡散させないように遮断する．この方法はいずれも汚染土壌を浄化するわけではないため，処理後も長期にわたってモニタリングを行う必要がある．

　現位置で浄化処理する技術もあり，汚染土壌が地表から数 m であり，地下水面まで到達していない場合は，汚染土壌を掘削除去することがよく行われる．掘削された汚染土壌は敷地内または敷地外において処理され，有害物質の除去と回収を行う．一方，地下水や土壌間隙中の空気が汚染されている場合は，汚染地下水を揚水したり，汚染物質を含む土壌空気を吸引したりして，汚染物質を除去回収することが行われる．また，土壌汚染の範囲を制限するために，汚染地下水の下流域に井戸を設けて揚水し，汚染の下流への拡散を防止することもある．

4.4.2　バイオレメディエーション

　バイオレメディエーションは，土壌中に蓄積した汚染物質を減少または除去（remediation）するために，とくに生物（bio）を利用する技術のことである[*9]．

　この技術は，汚染された現場を修復し，また環境を保全するために，自然界に生息している微生物を利用することが特徴である．微生物による環境修復技術を確立させるためには，使用する微生物の生態を考察する必要がある．新しい微生物の現場への定着には最低でも 4～5 年間を要する．

　微生物によるバイオレメディエーションは低コストであり，排水処理の活性汚泥プロセス等が生物の代謝活性を利用していることと類似している．すでに，有害物質の処理プロセスにおいても現場適用されている．微生物のもつ複雑多岐にわたる生化学活性は人間の健康と環境を保全していくうえで，水質浄化，環境修復，毒物除去など，今後ますます利用されるようになるだろう．

　このバイオレメディエーションは，欧米においてすでに多くの実用例があり，流出油の処理や土壌・地下水汚染の有効な浄化手段の一つとして，多くの企業が事業化している．とくに米国では，汚染地の浄化が法律により義務づけられたことから（スーパーファンド法等），環境汚染修復技術の一つとしてバイオレメディエーションの技術開発ならびに実際の修復が進められている．

　日本では，厨房やグリーストラップにおける廃油などの処理，工場排水における有害物質の分解処理，ガソリンスタンド等に由来する油汚染や跡地の浄化手段として，微生物製剤が販売されているが，まだ普及途上の浄化技術であり，今後の認知向上が待たれる．

4.5 食糧問題と人口問題

　本章の最後に，土壌汚染問題と密接な関係がある食糧問題についてふれておきたい．土壌は食糧の源であるが，現在の農作物生産は農薬や化学肥料に頼らざるをえない体系になっている．化学肥料のうち窒素成分は，土壌や地下水の汚染の原因になることが多い．とくに，高濃度の硝酸性窒素

★9　とくに，植物（ファイト）を用いる汚染浄化手法のことをファイトレメディエーションという．吸肥力の強いイネ科 C4 植物を用いると効果的に重金属を吸収することが明らかになっている．C4 植物は光合成産物の最初の物質に炭素が四つ含まれるものであり，通常の C3 植物よりも光合成効率が高い．また，光飽和点が高いため，光合成に必要な養分を強く吸収することができる．

が含まれた地下水を飲料水として使用している地域では，乳幼児が呼吸困難におちいる事例が発生し，ブルーベイビー事件[*10]とよばれた．土壌を健全な状態に保ちながら持続可能な食糧生産を行うことが大切である．

4.5.1　環境と農業のかかわり

そもそも，農業は人類が起こした最初の環境破壊であるという見方がある．自然は多様性に富み，たとえば$1\,m^2$の土壌に10種類以上の高等植物による植生が認められるような地域がある一方，農業生産の場となる畑や田は，対象となる農作物が単一的に存在する不自然な空間を作り出している（図4.12）．その不自然な空間を維持するために，人類は病害虫や雑草をうまく防除する持続可能な農業を続けてきた．

また，産業革命以降，ハーバーボッシュ法によって窒素肥料が合成できるようになった．そうした化学肥料の投入により，単位面積あたりの収穫高（収量）は増加し，それとともに地球上の人口も増加の一途をたどることとなった．とくに，

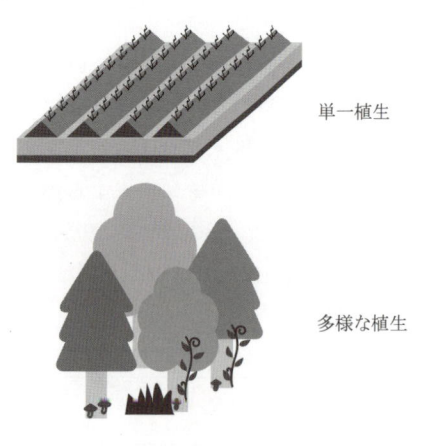

単一植生

多様な植生

●図4.12●　単一植生（畑）と多様な植生（森林）

1940年代から1960年代にかけ，近代品種の開発や導入，化学肥料の大量投与，かんがい設備の整備，農薬などによる病害虫の駆除技術の向上，農作業の機械化などにより，穀物などの収量が飛躍的に増加した．これを緑の革命という．一方，こうした農業は持続可能ではなく，土壌の塩分濃度増加や酸性化，肥沃度の低下をもたらし，地域によっては砂漠化の原因にもなっている[*11]．

4.5.2　食糧生産と人口問題，水問題とのかかわり

上述の緑の革命以降，農業技術の革新による単位面積あたりの収量増加は頭打ちになってきており，世界の耕作地面積も減少し始めているが，人口だけがまだ増え続けている．増え続ける人口を支えられるだけの食糧生産が早晩難しくなることは自明であり，食糧生産と人口問題は直結している．図4.13に各国の食糧自給率を示す．日本の食糧自給率はカロリーベースで40%を切る水準であり，先進各国と比較してきわめて低いことがわかる．日本は，必要な食糧の6割以上を海外から輸入している．

また，食糧は多くの水分を含んでいるので，食糧を輸入することは，実質的に水を輸入していることに他ならない．つまり，日本で食べられている食糧とほぼ同じ量の水を，バーチャルウォーター[*12]として海外から輸入していることになる．21世紀は水の時代ともいわれ，気候変動などさまざまな理由により水不足が世界的な環境問題の一つになっており，これまでどおりに食糧を輸入し続けることが難しくなるおそれがある[*13]．

図4.14に示した品目別で自給率をみると，米以外ではイモ類や野菜類，鶏卵など新鮮さが要求され重量のある品目の自給率は比較的高いが，1965年度と比較すると全品目で自給率が低下し

[*10]　ブルーベイビー事件はアメリカで1956年に発生した．
[*11]　産業革命により機械化される前の農業は，太陽光による光合成に基づいていてエネルギー収支が生産的であった．現代の機械化体系の農業はエネルギー収支としては消費的である．
[*12]　これは，輸入する食糧を国内で生産するとしたら，どれくらいの水が必要かを示すものである．たとえば，$1\,kg$のトウモロコシを生産するのには$1,800\,L$のかんがい用水が必要である．さらに，家畜は穀物を大量に消費して育つため，たとえば牛肉$1\,kg$を生産するのに，その約20,000倍もの水が必要である．
[*13]　日本は山が多く，農業に適した土地が狭いうえ，農地は住宅や工場などに転用されて年々減少している．さらに，農業に携わる人の高齢化や減少により，ただでさえ狭い農地のうちの一部が耕作放棄地になっている．

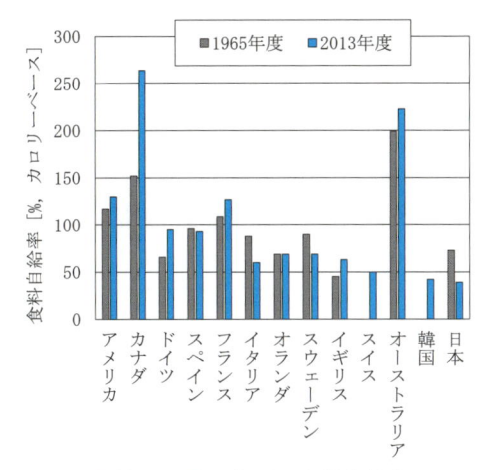

●図 4.13 ● 各国の食糧自給率
（カロリーベース，[2] を基に筆者作成）

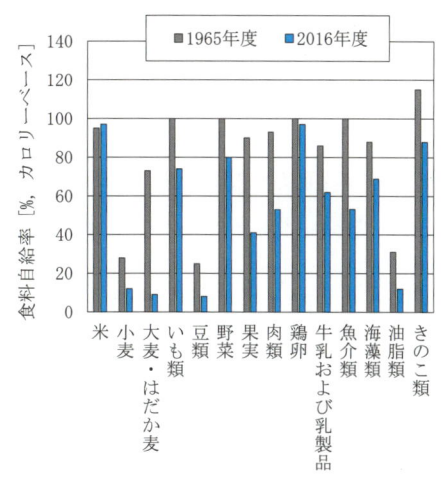

●図 4.14 ● 日本の品目別食糧自給率
（カロリーベース，[3] を基に筆者作成）

ている．農林水産省が 2008 年に始めた FOOD ACTION NIPPON では，食糧自給率向上のために下記の 5 項目を掲げている．

① 「いまが旬」の食べ物を選ぶ
② 地元でとれる食材を日々の食事に生かす
③ ご飯を中心に，野菜をたっぷり使ったバランスの良い食事を心がける
④ 食べ残しを減らす
⑤ 自給率向上を図るさまざまな取り組みを知り，試し，応援する

消費者が食糧問題を意識するためのキーワードとして，フードマイレージという言葉がある．これは食糧の重量に輸送距離を乗じたものであり，この数字が小さいほうが環境に対する負荷も小さい．究極的には，地産地消といって地元で生産されたものを地元で消費することが，もっともフードマイレージは小さくなる*14．消費者と生産者の交流を通してフードマイレージを小さくしていくことが重要である．

4.5.3 これからの食糧生産

福島第一原子力発電所の事故による放射性物質が農作物を汚染し，国民に大きな不安を抱かせた．しかし，これまでもヒトの生命を脅かす食の問題は多く発生してきている．たとえば，BSE（牛海綿状脳症）問題やダイオキシン汚染ホウレンソウ報道問題など，科学的にはヒトに対するリスクがきわめて低いレベルであっても，食の安全に対する国民の関心は高い．

また，これからの問題として，遺伝子組み換え作物に対して安全性の面から導入に慎重な意見が聞かれる．遺伝子組み換え技術とは，ある生物から必要とされる情報をもった遺伝子部分を取り出して他の生物の遺伝子に組み込んで，有用な生物を作り出す技術のことである．たとえば，乾燥に耐えられるような穀物を作出すれば，砂漠化の危機に瀕し食糧生産が困難となった半乾燥地域でも食糧生産が再び可能になるなどの利点がある．一方，想定外のタンパク質が植物体内に生産され，それがヒトにとってアレルギー反応を引き起こすアレルゲンになる可能性や，組み換え作物ではない固有種からなる生態系を破壊するような悪影響が懸念されている．いずれにせよ，遺伝子組み換え技術に対しては，いたずらに漠然とした不安を

★14　日本の 2010 年のフードマイレージは 8,669 億トン・km である（農林水産省統計企画課）．大量かつ長距離輸送をすると，石油などのエネルギーも消費し，大量の二酸化炭素も発生させることになる．最近では「旬産旬消」という考え方もあり，旬のものを食べようという意味である．温室栽培などエネルギーを大量に必要とする食糧生産ではなく，自然な露地栽培が環境にとってはもっとも負荷が小さい農業となる．

抱くことなく，冷静にかつ科学的に安全性を議論し，リスクコミュニケーションを適切にとりつつ，可能性を検討していく必要がある（1.6.3 項参照）．

　他方，近年注目されている新しい食糧生産の形としては，植物工場といって，光，温度，二酸化炭素，養分などをコンピューターで管理しながらビルの中など閉鎖的な空間で植物を栽培する施設があり，すでに実用化されている．天候に左右さ

れず，病害虫もなく，年間を通して安定して野菜を生産できるため，価格は高いが収穫を安定させることができる．光源である発光ダイオードの光の波長を変えるなどして，収量を増加させる研究も進んでいる．工場と名前がつくように，自然な露地栽培とは対極的な食糧生産の方法である．当然，照明や空調などにエネルギーを大量に消費する．

演・習・問・題・4

4.1
土壌汚染を引き起こす主な原因を挙げよ．

4.2
イタイイタイ病の原因物質を挙げ，発生に至った過程について説明せよ．

4.3
重金属による土壌汚染の広がりを述べよ．

4.4
農薬の利点と欠点を挙げよ．

4.5
主な土壌汚染回復技術を挙げよ．

4.6
汚染土壌の修復の難しさについて説明せよ．

4.7
日本の食糧自給率について，カロリーベース，重量ベース，生産額ベースの大小関係を考察せよ．

第 5 章

地球環境問題

　これまでの章では，水，大気，土壌という環境の状態に分けて，環境問題を説明してきた．これは，おおよそ数 mm から数 km の局地的なスケールでとらえることができ，現象と原因物質を特定し，問題の対策を立てられるものが多かった．しかし，環境問題の中には，排出源と影響のいずれも地球全体にわたるものや，非常に長期間続くことで将来世代の人間にまで影響するもののような大きな問題があり，これを地球環境問題とよぶ．国境を超えた問題になることから，調査や対策は科学だけでなく，政治や経済にまたがってなされる必要がある．本章では，これらの代表例として地球温暖化とオゾン層破壊の問題を紹介する（図 5.1）．

KEY WORD

地球温暖化	温室効果ガス	オゾン層破壊	代替フロン	二酸化炭素
フロンガス	紫外線	国際協力	IPCC	COP
排出権取引				

地球温暖化

- 5.1 地球温暖化と二酸化炭素の役割
- 5.2 温室効果の化学
- 5.3 温室効果ガスの大気中の挙動
- 5.4 地球温暖化の影響
- 5.5 温暖化防止対策

オゾン層破壊

- 5.6 オゾン層の破壊
- 5.7 紫外線と発ガン
- 5.8 オゾン層破壊の防止対策

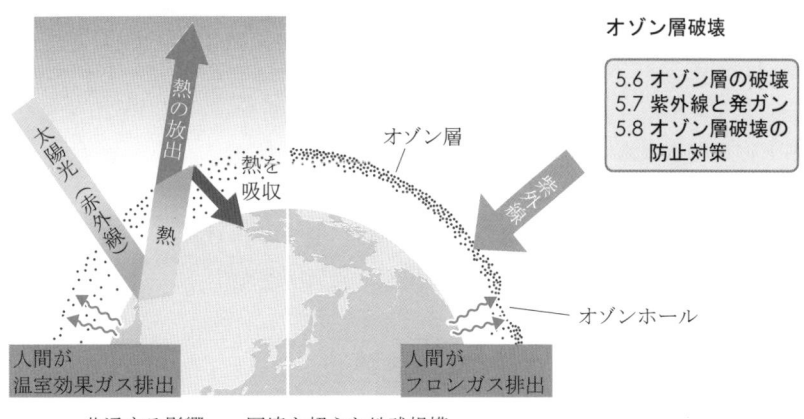

共通する影響　・国境を超えた地球規模
　　　　　　　・将来世代まで長期に及ぶ

●図 5.1 ●　地球環境問題と本章の構成

5.1 地球温暖化と二酸化炭素の役割

　現在，世界規模でその対策が講じられている環境問題のうち，もっとも大きなものの一つが地球温暖化である．温室効果ガスは，第3章で述べた大気汚染物質と異なり，一般的には呼吸等による直接的な摂取にともなう毒性は問題視されないが，地球環境変化への影響が懸念されている．気象庁の調査によると，過去100年間で日本全体の平均気温は約1℃上昇していることが明らかになっている．IPCC（Intergovernmental Panel on Climate Change, 気候変動に関する政府間パネル）[*1] が，各国の政府から推薦された科学者の参加のもと，地球温暖化に関する科学的・技術的・経済的な評価を行い，現状の分析と今後の予測を行っている．2014年に公表されたIPCC第五次報告書では，温室効果ガスの排出が，現在以上の速度で続いた場合，21世紀には0.3〜4.8℃の上昇が起き，海面が0.26〜0.82 m上昇するとされている．温室効果ガスとは，二酸化炭素に代表される赤外線を吸収する構造をもつ気体のことである．二酸化炭素を含む地球上の炭素は，生物や大気，海に存在し，それぞれの間で移動，交換，滞留，貯蔵しながら循環している．この炭素循環のバランスは，地球温暖化を考えるうえで重要な指標である．炭素の最大の貯留庫は海であり，大気との間で二酸化炭素の交換反応が起きている．この炭素循環の量的なバランスが，産業革命以降の化石燃料の燃焼や森林伐採などの人間活動によって変化し，大気中の二酸化炭素濃度の上昇が海による吸収や森林による光合成だけでは追いつかなくなっていることが，地球温暖化の原因である．

　その地球温暖化のメカニズムを図5.2に示す．地球を取り巻く大気が入射する太陽エネルギーを反射，吸収，あるいは再放射して地球のエネルギーバランスを保ちながら，この中の大気成分の一部が温室効果を果たしている．ところが，近年の人間活動の拡大にともなって温室効果ガスが人為的に大量に大気中に排出されていることで，温室効果が強まり地球温暖化が進んでいる．

　ただし，仮に大気中に温室効果ガスが存在しないとした場合の地球の表面温度は −18℃になるといわれ，温室効果ガスの存在自体は，地表温度を一定に保持するうえで欠かせない．

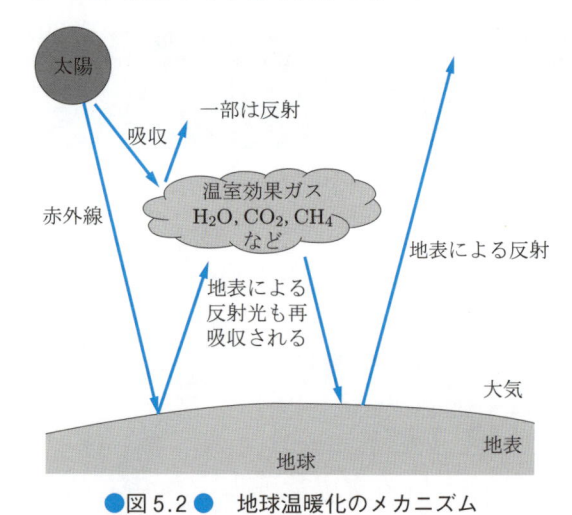

●図5.2● 地球温暖化のメカニズム

5.2 温室効果の化学

　温室効果を示す化合物は，赤外線を吸収できる異種多原子分子である．赤外線の吸収によって原子どうしの結合の双極子モーメントが変化する．双極子モーメントが0である N_2 や O_2 などの等核（同種）2原子分子は赤外線を吸収しない[*2]．温室効果がもっとも高い気体は大気中の濃度から考えて水蒸気であるが，大気の湿度は人為的に変えられないので，通常は対象物質とみなさない．その他の温室効果ガスの気温上昇への寄与を，表5.1に示す．

序　章
第1章
第2章
第3章
第4章
第5章
第6章
第7章
第8章

■表5.1■　温室効果ガスの特徴

温室効果ガス	地球温暖化係数 (※)	性質	用途，排出源
二酸化炭素（CO_2）	1	常温で安定な気体	化石燃料の燃焼など．
メタン（CH_4）	25	天然ガスの主成分．常温で気体．	稲作の底泥，家畜の腸内発酵，廃棄物の埋め立てなど．
一酸化二窒素（N_2O）	298	数ある窒素酸化物の中でもっとも安定．他の窒素酸化物（たとえば二酸化窒素）などのような有害性はない．	燃料の燃焼，工業プロセスなど．
HFCs（ハイドロフルオロカーボン類）	1,430 など	塩素がなく，オゾン層を破壊しないが，強力な温室効果ガス．	スプレー缶の溶媒，エアコンや冷蔵庫などの冷媒，化学物質の製造プロセスなど．
PFCs（パーフルオロカーボン類）	7,390 など	炭素とフッ素だけからなるフロン．より強力な温室効果ガス．	半導体の製造プロセスなど．
SF_6（六フッ化硫黄）	22,800	きわめて安定な温室効果ガス．	電気の絶縁体などに使用．
NF_3（三フッ化窒素）	17,200	窒素とフッ素からなる強力な温室効果ガス．	半導体の製造プロセスなど．

※京都議定書第二約束期間における値

　なお，ガスの種類によって温暖化の力が異なるので，一般的には同じ温室効果を示す二酸化炭素の質量に換算するための係数（地球温暖化係数，GWP）を用いて比較する．

　人為的原因により，大気中に放出された二酸化炭素CO_2，メタンCH_4，フロン類等の温室効果ガスのうち，最大の寄与率を示すのが二酸化炭素である．次のメタンは大気中濃度が 1.7 ppmv[*3] で，大気中での寿命は約 15 年，年間の増加率は 0.8% である．メタンの排出量の 40〜60% が人間活動に由来する．全地球の発生量は約 0.4 G トン-CO_2/年で，海洋，湿地，水田，反芻動物の腸内発酵，化石燃料の採掘，燃焼の際に発生し，大気中濃度は産業革命時の 3〜6 倍になっている．

　N_2O は海洋，土壌から発生し，人為的には窒素肥料の施肥にともなって発生する．最近の研究で，人為的排出量は 5.3〜8.4 Tg-N_2O-N/年，自然界からはこの 2 倍程度（10〜12 Tg-N_2O-N/年）が発生していると推定されている[1]．

　フロンの発生源は 100% 人為的で，大気中できわめて安定，濃度は 0.5 ppbv ときわめて小さい．GWP は種類により異なるが，二酸化炭素の 1 万倍以上に達する物もあり，温暖化への影響力は大きい．

例題 5.1　地球温暖化係数について，メタンは二酸化炭素の 25 倍とされている．メタンと二酸化炭素の大気中濃度がそれぞれ 2 ppmv，400 ppmv とすると，地球温暖化に対するメタンの寄与は二酸化炭素に比べて何%の大きさになるか．計算せよ．

解答　地球温暖化に対する寄与は，地球温暖化係数に濃度を乗じて概算できる．二酸化炭素は地球温暖化係数の基準物質で，その値は 1 であるため，地球温暖化に対する寄与は，1×400 ppmv ＝400 となる．一方，メタンの地球温暖化に対する寄与は，25×2 ppmv＝50 である．したがって，メタンの地球温暖化に対する寄与は二酸化炭素のそれを比較すると，50/400＝12.5% ほどの寄与率となる．メタンもかなり大きな地球温暖化の原因物質であるといえ，その対策を考える必要がある．

*3　ppmv は体積の百万分率を表す．

例題 5.2 地球の大気成分のうち一番割合が多い窒素分子，その次に多い酸素分子は双極子モーメントの変化が0であり，赤外吸収しないため，地球温暖化とは無関係である．このことをふまえて，以下のガスのうち，地球温暖化に寄与する成分を選べ．
O₃, Ar, SF₆, Cl₂, HCl, N₂O

解答 寄与するものは，O_3, SF_6, HCl, N_2O である．なお，SF_6（六フッ化硫黄）は最大の地球温暖化係数をもつガスといわれている．分子全体の双極子モーメントは0になるが，だからといって赤外吸収をしないわけではない．あくまでも双極子モーメントが赤外線で変化するかどうかで，赤外吸収するか否かが決まるので，注意したい．

5.3 温室効果ガスの大気中の挙動

5.3.1 温室効果ガス排出の実態

世界の二酸化炭素排出量を図5.3に示す．急激な経済発展が見られる中国での排出が目立つ．さらに，アメリカの10分の1強程度の経済規模のインドがその3分の1強の排出をしている等，新興国の排出量が多く，経済成長と温室効果ガス排出の密接な関係性が見られる．

国民一人あたりの排出量を図5.4に示す．中国，インドの一人あたりの排出量は現状では先進諸国には及ばないが，今後のこれらの途上国の経済発展にともなう生活水準の向上により，さらにその量が増加する可能性が高い．今後の世界的な環境問題に取り組む場合に，経済成長と環境保全の両

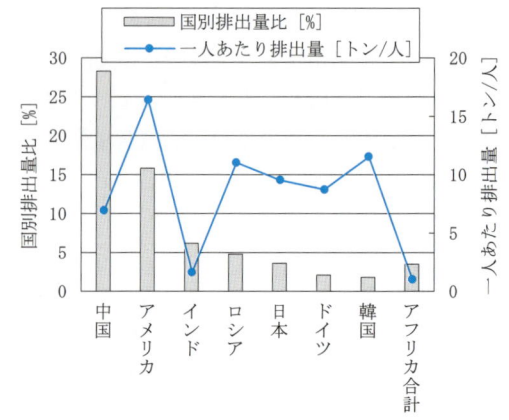

●図5.4● 世界の国民一人あたりの二酸化炭素排出量（2013年）（[2] を基に筆者作成）

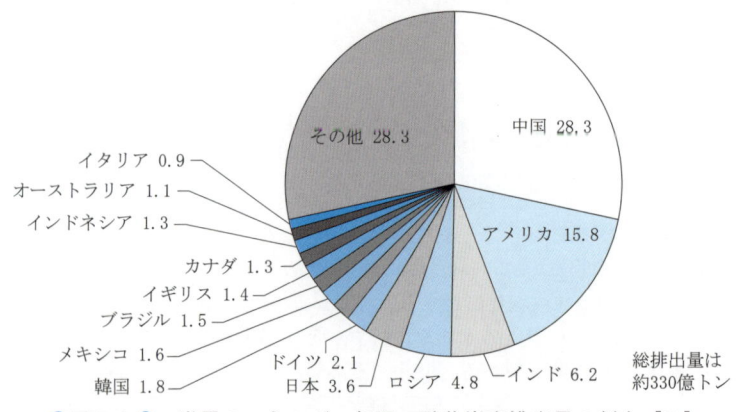

●図5.3● 世界のエネルギー起源二酸化炭素排出量の割合 [%]
（[2] を基に筆者作成）

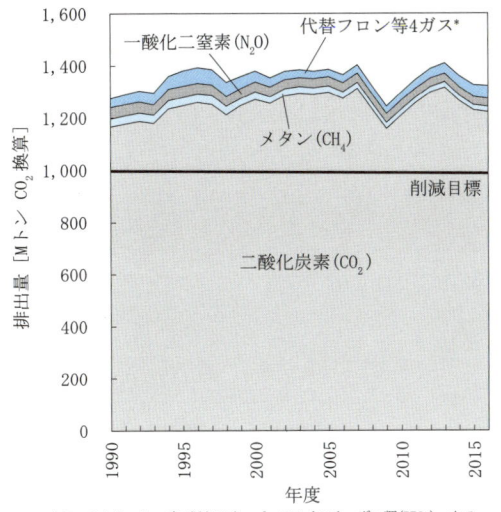

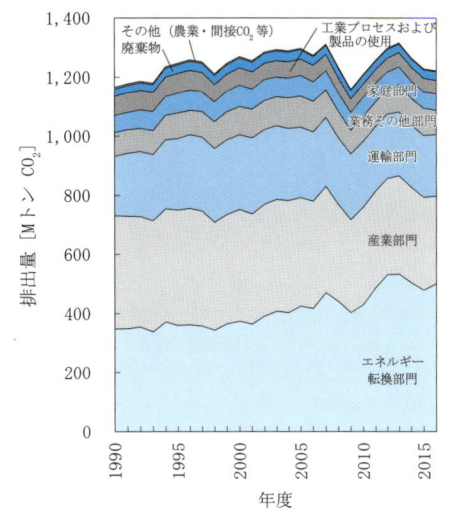

* ハイドロフルオロカーボン類(HFCs)，パーフルオロカーボン類(PFCs)，六フッ
化硫黄(SF₆)，三フッ化窒素(NF₃)

●図 5.5 ● 日本の各種温室効果ガス排出量の推移
（[3] を基に筆者作成）

●図 5.6 ● 日本の二酸化炭素の排出源別発生量
（[3] を基に筆者作成）

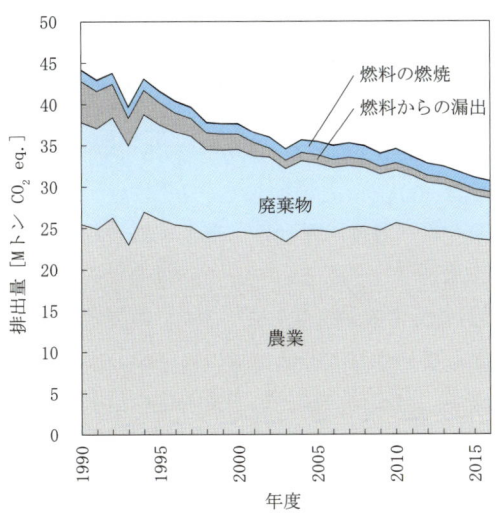

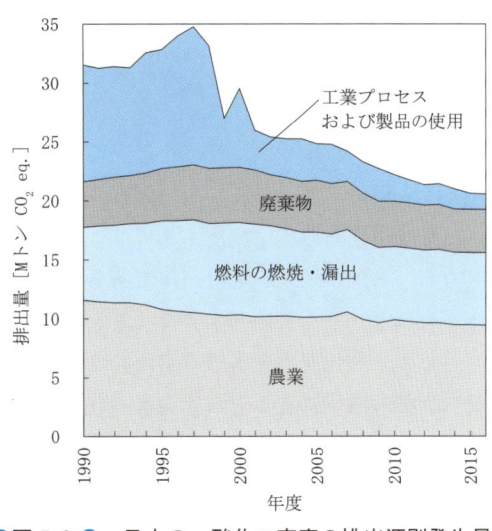

●図 5.7 ● 日本のメタンの排出源別発生量
（[3] を基に筆者作成）

●図 5.8 ● 日本の一酸化二窒素の排出源別発生量
（[3] を基に筆者作成）

立がきわめて重要な課題となることを示す一例である．

　また，日本における各種温室効果ガスの排出量を図5.5に，さらに排出源別の二酸化炭素，メタン，および一酸化二窒素の排出量をそれぞれ図5.6，5.7，および5.8に示す．図より，合計と二酸化炭素については基準年からの増加傾向が見られる．また排出源別では，二酸化炭素はエネルギー転換部門，産業部門，および運輸部門の排出量が

全体の8割程度を占めている．メタンは経年的な減少傾向が見られるが，とくに廃棄物や燃料からの漏出の減少が顕著である．一酸化二窒素は工業プロセスでの減少が見られるほか，農業部門での減少傾向も見られる．

5.3.2　大気中濃度の上昇

　これらの温室効果ガスは，現状の人間活動をこのまま継続すれば，さらに濃度が増加する恐れが

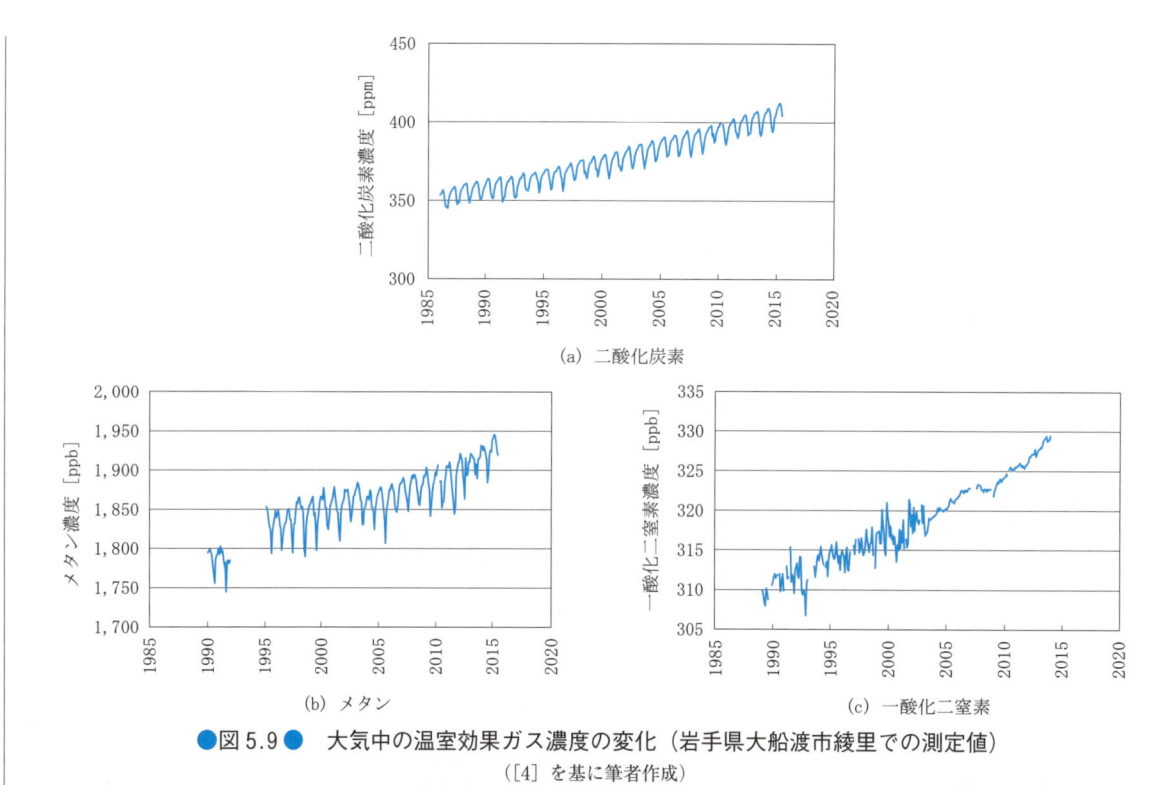

●図 5.9● 　大気中の温室効果ガス濃度の変化（岩手県大船渡市綾里での測定値）
（[4] を基に筆者作成）

ある．とくに，日本やアメリカなど一部の国では エネルギー源の石油から石炭への回帰傾向が見られ，二酸化炭素が急激に増加する可能性がある．なぜなら，石油に比べ石炭は固体であるためにエネルギー効率が低く，同じエネルギーを得るのにより多くの二酸化炭素を排出するためである．加えて，森林の減少による二酸化炭素吸収量の減少も温暖化が進行する原因とされている[*4]．

　大気中の二酸化炭素濃度は，産業革命前には平均的に 280 ppm であったが，2015 年の世界平均濃度は 400 ppm と増加している．また，海面での二酸化炭素濃度の増加は，海水中の二酸化炭素濃度を増加させることになり，結果的に pH が低下（酸性化）する．図 5.9 に，日本での測定値を示す．例として岩手県大船渡市での大気中の二酸化炭素，メタン，および一酸化二窒素濃度変化を示しているが，ここ 10〜20 年で明らかな増加が見られる[4]．

5.4 地球温暖化の影響

　二酸化炭素増加による温暖化の影響を，IPCC 第五次報告書（第一作業部会，IPCC-AR5-WG1）を参考にして解説する．

5.4.1　観測事実と要因

　IPCC に参加する研究者が，これまでに行われた科学的な観測，理論，計算の結果を評価した結果，下記のような観測事実が認められた．

- 平均気温は，1880〜2012 年において 0.85 ℃ 上昇した．
- 北半球中緯度の陸域平均で降水量が増加している．
- 海にエネルギーが蓄積され，上層・深層で温度が上昇している．また，海水が酸性化して

★4 　温室効果ガス以外で地球温暖化に影響を与える物質に，黒色炭素がある．これは，石油や石炭など炭素を主成分とする燃料を燃焼することによって発生する，ススのような粒子である．

いる.

- 各地の氷・雪・永久凍土が減少を続けている
- 二酸化炭素濃度が増え続けている．**温室効果ガス**である二酸化炭素 CO_2，メタン CH_4，一酸化二窒素 N_2O の大気中濃度は，人間活動により 1750 年以降すべて増加している.
- 干ばつや台風など極端現象の強度・頻度に変化が現れている.

このため，気候システムの温暖化は疑う余地がないとされている．この要因についても，太陽放射照度の変化や火山性エーロゾルの影響は相対的に小さく，人間の影響が 20 世紀半ば以降に観測された温暖化の支配的な要因であった可能性がきわめて高い（95 %）．なお，これは IPCC 第四次報告書の「90 %」という表現よりも，踏み込んだ姿勢となっている.

5.4.2 将来予測

前述の観測事実の傾向は変わらず，平均気温・海水温度・海水位の上昇，海水**酸性化**の進行，雪氷の減少，二酸化炭素濃度の上昇が進む．このため，今世紀末までの世界平均気温の変化は 0.3～4.8 ℃の範囲に，海面水位の上昇は 0.26～0.82 mの範囲に入る可能性が高い．とくに，海水位の上昇によって，島嶼国等標高の低い地域の著しい地表面積の減少，海岸堤防の能力の低下，地下水の塩水化，生産緑地の塩害等のさまざまな問題が起きる可能性がある.

IPCC によると，CO_2 の累積総排出量とそれに対する世界平均地上気温の応答は，ほぼ比例関係にあるとされる．気候変動を抑制するには，温室効果ガス排出量の抜本的かつ持続的な削減が必要である.

5.4.3 日本での具体的な影響

日本では，台風の到来頻度が増加し，降水量が増加すると予想されている．このため，洪水や暴風雨，熱波や寒波が起きやすくなると考えられている．また，従来の農作物が栽培できなくなったり，熱帯性の伝染病や寄生虫が北上したりすることも考えられる.

5.5 温暖化防止対策

上記のように地球温暖化問題の懸念が明らかになるにつれ，対策の必要性が理解されるようになってきた．世界各国も 1980 年代以降，ようやく地球規模の対策に協調して取り組むようになってきた．とくに，二酸化炭素問題への対策としては種々のものが提唱されてきている．日本での対策のいくつかの例を列挙すると，以下のようなものがある.

5.5.1 二酸化炭素発生の抑制

（a）化石燃料消費の抑制；産業，運輸のエネルギー利用の効率向上

二酸化炭素問題の解決のためには，二酸化炭素発生の抑制がもっとも基本的な対策であり，つまり化石燃料の消費を減らすような技術的対策を進めるのが効果的である．産業，運輸，民生，家庭の各部門で，新技術の導入による前向きな省エネルギー対策等のさらなる推進によって，二酸化炭素の排出抑制ができる余地がある．しかし，東日本大震災によってリスクが浮き彫りになり，原子力発電の割合が激減したため，発電部門では，逆に二酸化酸素排出量は増加の傾向にある．図5.10 に，電源種別の発電電力量と二酸化炭素排出量の推移を示す．これに対する根本的，現実的な解決策はまだ定まっていない.

また，ハイブリッド自動車の使用も，化石燃料の消費抑制につながる（図5.11）．保有台数の増加は国民の環境意識の高まりもあるが，企業努力と普及率の上昇にともないハイブリッド自動車の単価が下がったことが大きな理由として挙げられる.

運輸部門では，1 トンあたり 1 km 移動する際

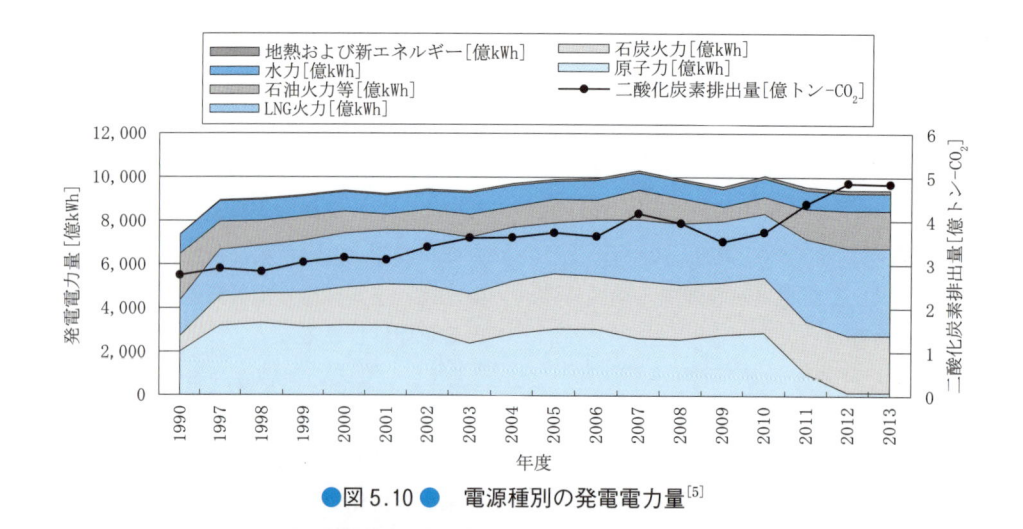

●図 5.10 ●　電源種別の発電電力量[5]

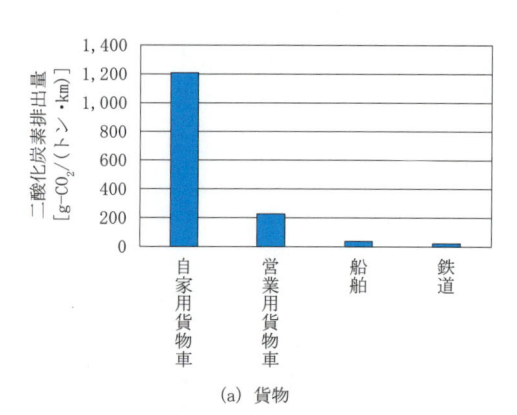

エネルギーモニターがあって，充電状態や燃費がすぐにわかるようになっている

●図 5.11 ●　ハイブリッドカーのフロントパネル

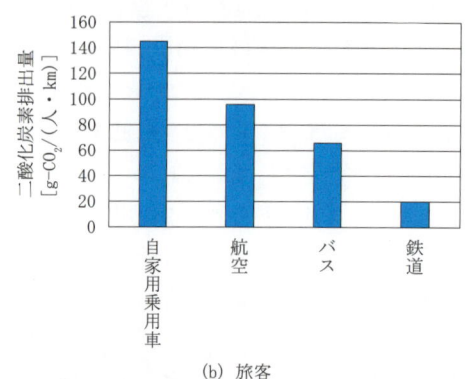

(a) 貨物

(b) 旅客

●図 5.12 ●　輸送量あたりの二酸化炭素排出量[6]

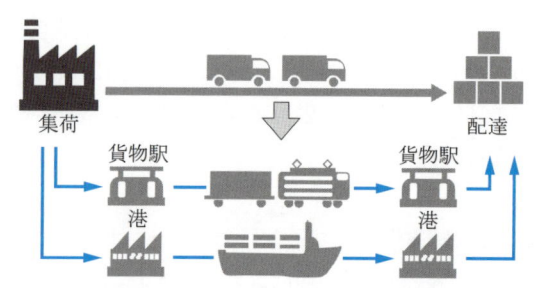

●図 5.13 ●　モーダルシフトによる二酸化炭素排出抑制

に発生する二酸化炭素排出量は，貨物輸送，旅客輸送ともに，自動車が最大になっている（図5.12）．二酸化炭素排出量の削減のため，トラック輸送から鉄道輸送や船舶輸送に切り替えること，あるいは人が移動する際にマイカーをバス・鉄道に切り替えることを，モーダルシフトという（図5.13）．

（b）人間の意識改革

　わが国の全世帯でエアコンの設定温度を 1 ℃高く設定すると，一日あたり 105 g の二酸化炭素が削減される．1 年のエアコン使用日数が 112 日とすると 11.8 kg もの二酸化炭素の削減につながる．日本の世帯数を乗じて計算すると，京都議定書の規定（後述）による基準年の排出量の 2.8 ％に相当し，日常生活の小さな積み重ねが大きな効果を生み出すことになる．

（c）省エネルギー対策の推進，新技術の開発

太陽電池や燃料電池の出荷量は近年大きく増加している．太陽電池は，太陽光のエネルギーを直接電気に変換する発電方式であり，日射強度に比例して発電する．一方，燃料電池は，都市ガスなどから得られる水素と空気中の酸素を反応させて直接電気を発生させるもので，反応熱も温水として回収できるため，エネルギー効率が相当に高い．これらの発電技術は近年急速に普及しており，ハイブリッド自動車の普及と同様に，製造単価を下げる企業努力や環境意識の高まりによる．以上のようにエネルギー効率の高い技術が開発され，利用されるようになっていくことも，重要な温暖化対策といえる．詳しくは第6章で学ぶ．

5.5.2　二酸化炭素の除去

（a）自然界の活用；森林の活用，海洋利用技術等

世界の森林には，光合成による二酸化炭素固定化能力が $400 \sim 550$ 億トン$-CO_2$/年ほどある．これが，森林の伐採によって失われ，新たに放出される二酸化炭素の量は $15 \sim 20$ 億トン$-CO_2$/年にも達する．植林をはじめとする森林の保護が，二酸化炭素問題，地球温暖化防止対策としていかに重要で，かつ有効であるかを理解できるであろう．

また，海洋には莫大な量の弱アルカリ性の海水があり，対流，大循環をしながら大気中の二酸化炭素を吸収する．海洋による二酸化炭素の固定化能力は $20 \sim 30$ 億トン$-CO_2$/年あり，海洋の吸収力をさらに高める方法があれば，二酸化炭素問題に大きく貢献できる．その一つの方法として，深海と表層水の循環を促進する方法が提唱されている．海洋中の二酸化炭素の形態と化学平衡を式 (5.1) に示す．

$$CO_2 + H_2O \rightleftharpoons H_2CO_3$$
$$\rightleftharpoons H^+ + HCO_3^- \rightleftharpoons 2H^+ + CO_3^{2-} \quad (5.1)$$

（b）物理的対策

物理的対策とは，工場，発電所等の大規模な二酸化炭素発生源に吸収設備を設置し，排煙から二酸化炭素を除去しようとする方法であり，種々の実用化研究が進められている．回収した二酸化炭素は，液化して地層貯留または海洋に投棄溶解，あるいは深海底に貯蔵しようとする考えである．ただし，長期的な安全性やコストの問題が未解決であり，容易ではない．

（c）化学的対策

回収した二酸化炭素を処理するための方法として，化学反応によって二酸化炭素を固定化する方法や，メタノール，ガソリン等の有用な物質に変換して再使用する方法等がある．前者は，ケイ酸塩岩石，重炭酸塩，炭酸塩等との交換反応を利用して二酸化炭素を固定化する方法である．後者は一種の人工的な光合成反応であるが，二酸化炭素の還元反応に必要な大量の水素と，合成に必要なエネルギーの問題があり，容易ではない．

（d）生物学的方法

水生生物を利用する方法として，比較的貧栄養性の海洋に施肥をして，海洋微生物の増殖を助け，光合成による二酸化炭素固定化を促進させるという考えがある[*5]．また，二酸化炭素固定能力が強い特定の生物，藻類の品種改良や，濃密人工培養によって解決しようとする研究もある．しかし，いずれの方法においても，光合成によって固定される二酸化炭素の $50 \sim 70\%$ は呼吸作用によって再放出されること，大量に生成した固定化物の処理，実施の規模や適地の確保の面で問題がある．

5.5.3　政策，新制度

（a）気候変動枠組条約

●原理と原則

地球の気候変動，温暖化問題の解決には，国際

[*5]　二酸化炭素は海水と大気の間で平衡関係にある．海水中に溶解した二酸化炭素は植物プランクトンや海藻によって光合成され，植物プランクトンは食物連鎖を通して上位の消費者の餌になる．それら生物の遺体は海の底に沈降し，溶解，貯蔵される．海洋表層の二酸化炭素を深層にポンプのように送り出す機能を生物ポンプといい，大気中の二酸化炭素濃度の低下に大きな役割を担っている．

協力が不可欠である．温暖化問題，二酸化炭素対策に関する国際的な検討は，国連環境計画（UNEP；United Nations Environment Plan）および世界気象機関（WMO；World Meteorological Organization）が中心となって1985年に始まった．1988年には，専門家によるトロント会議が開かれ，世界の二酸化炭素削減量に関する数値的宣言が初めて採択された．さらに同年，IPCCが，世界の30カ国によって設立され，科学的データに基づいた評価，削減計画の策定が始まった．大気中の温室効果ガスの濃度を安定化させることを目標として，**気候変動枠組条約**（UNFCCC；United Nations Framework Convention on Climate Change）が1992年に採択された．温室効果ガスの排出量を1990年の水準に戻すことと，温室効果ガスの排出量，吸収量の見積もりを条約締結国会議に報告すること等が決議された．その**締結国会議**（COP；Conference of Parties）が，1995年のベルリンから開かれてきた．

とくに，その第三回会議が1997年に京都で行われ，いわゆる**京都議定書**（Kyoto Protocol）が出された．この京都議定書では法的拘束力のある数値約束を各国ごとに設定しており，2008〜2012年の第一約束期間に，各国に定められたレベルまで削減することが求められた．削減目標は国によって異なっており，日本では1990年比マイナス6％とされた．この約束達成のための仕組みとして，図5.14のように，先進国間での割当排出量のやり取りを行う**排出権取引**（ET；emissions trading），先進国間での共同プロジェクトで生じた削減量の当事国間でのやり取りを行う**共同実施**（JI；joint implementation），および先進国と途上国の間での共同プロジェクトで生じた削減量を当該先進国が獲得する**クリーン開発メカニズム**（CDM；clean development mechanism）*6 が導入された[7]．

温室効果ガスの排出量の削減に大変有望な方策として，再生可能エネルギーの利用促進がある．

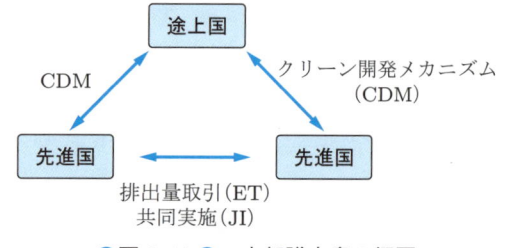

●図5.14● 京都議定書の概要

再生可能エネルギーについては第6章で詳説するが，わが国でも利用促進策としてさまざまな施策が導入されてきている．戸建住宅の屋根へのソーラーパネルの設置が増えたり，電気代の明細書に再生エネルギー賦課金の項目が加えられたりして，徐々に身近になっている．

● COP13以降の流れ

COP13（2007年，バリ）において，2009年のCOP15までにすべての締約国が参加して，合意を得るようにすることが定まった．COP15（2009年，ニューヨーク）で，わが国は2020年に1990年比25％削減という野心的な目標を掲げ，途上国を含め温室効果ガス削減に向けた国際的な機運の醸成に貢献した．COP16（2010年）のカンクン合意は，法的拘束力のある合意ではないが，途上国も排出削減に協調して取り組む点で大きな前進であった．COP17（2011年，ダーバン）では，京都議定書の延長，地球温暖化対策に関する各種の取り組みについて，工程表とともに合意形成がなされた．産業革命以前と比べて世界の平均気温の上昇を2℃以内に抑制するために，温室効果ガス排出量を大幅に削減する必要があることが，共通認識とされた．

COP18（2012年，ドーハ）では，カンクン合意の実施や新たな枠組み構築に向けた作業計画に関する決定がなされた．2013年から2017年または2020年までの期間は第二約束期間とされ，先進各国はそれぞれの削減目標を立てたが，日本は第

---

*6　先進国と途上国が共同で排出削減・植林事業を行い，その結果生じた削減量・吸収量を「認証された排出削減量」として，事業に貢献した先進国等が獲得できる制度である．途上国にとっても技術移転と投資が促進されるメリットがあり，Win-Winの関係となる．

二約束期間に参加しなかった．先進国・途上国の二分論的なアプローチで削減義務を分類するのではなく，各国の事情をふまえつつ，共通だが差異ある責任の概念のもと，すべての国が参加する公平で実効性のある新たな国際枠組みが必要だという立場だったからである．

COP19（2013年，ワルシャワ）で，日本は25％削減目標をゼロベースで見直し，新しい削減目標として2020年における排出量を2005年比3.8％削減と打ち出した．目標が低すぎるという批判もあるが，そもそも日本はオイルショック以降，エネルギー効率（エネルギー供給/GDP）を4割も改善するなど（図6.23参照），省エネルギーに大いに取り組み，他の先進各国と比べて温室効果ガスを削減できるポテンシャルが小さいためである．

なお，原子力発電は，発電時の直接的な二酸化炭素排出が少ないとされており，温室効果ガスの削減の一つの手段とされてきた．しかしながら，日本では2011年に発生した東日本大震災と，それにともなう原子力発電所からの放射性同位元素の放出の問題から，人類や環境に対する悪影響が問題視されるようになり，原発による温室効果ガス削減の方策を転換する必要に迫られている．

● COP21 の主な内容

COP21（2015年，パリ）は，地球温暖化対策の新しい枠組みである「パリ協定」を採択した．京都議定書に代わる18年ぶりの温暖化対策のルールである．石油・石炭など化石燃料に依存しない社会を目指し，条約に加盟する196カ国・地域が参加する初めての国際的な枠組みとなる．このパリ協定には「産業革命前からの気温上昇を2℃未満に抑える」という国際目標が明記されている．「世界全体の排出量をできるだけ早く頭打ちにし，今世紀後半には排出を実質ゼロにする」としている．各国が自主的に削減目標を作成し，国連に提出，対策をとることを義務づけた．

温暖化対策は，長らく事実上の機能不全に陥っていた．京都議定書では，温室効果ガス排出量で4割超を占める中国，米国，インドが削減義務を負っていなかった．日本も現実的な対策にならないという理由から枠組みから離脱し，削減義務がある国は排出量ベースで13.4％にとどまった．削減義務がないことは途上国の既得権益として，会議のたびに先進国の歴史的責任と費用負担を問うのが常であり，新興国を中心に増え続ける途上国の温室効果ガスをいかに減少に転じさせるかという建設的な議論は置き去りにされてきた．

しかし，パリ協定の成立により，今後は途上国も排出削減へ前向きに取り組まざるをえなくなる．先進国と発展途上国が責任のなすりつけ合いに終始してきた会議が，実効性のある対策を検討する場に変わり，すでに目標を出した国の数は9割超にのぼっている．先進国からの支援額も，2025年に向けて拡大が検討される見通しである．削減余地が大きい途上国に先進国の資金や先端技術が注入されれば，温暖化対策は一層加速するだろう．一方，途上国には先進国の資金や技術を有効に活用できたのか，国内で排出削減が進んだのかについて情報開示が求められる．5年ごとに温室効果ガスの削減目標や途上国支援などの計画を見直し，世界全体の進捗状況を検証する仕組みが設けられたことで，節目の会合ごとにルール作りで右往左往してきた温暖化交渉が，今後劇的に変わる可能性がある．

2016年後半に，今まで批准してこなかった中国やアメリカ，インドも批准を決定し，パリ協定が発効した．EDMC/エネルギー・経済統計要覧2016年版によると，中国，アメリカ，インドはそれぞれ世界の温室効果ガスの排出量の1，2，3位を占める大国であり，これらの国々が批准したパリ協定の実効性は大きい．しかし，2017年にアメリカで政権交代が起き，トランプ政権がパリ協定からの離脱を予定しており，状況が流動的になっている．

（b）炭素税・カーボンフットプリント制度

経済原理を用いて二酸化炭素排出を緩やかに削減する手法の一つとして，炭素税という仕組みが

序章
第1章
第2章
第3章
第4章
第5章
第6章
第7章
第8章

ある．これは，化石燃料に対して含まれている炭素分に応じて課税するものである．1990年以降，北欧等5カ国で相次いで導入され，日本でも導入に向けた検討が進んでいる[*7]．

商品やサービスに，製造から廃棄までに至る一連のライフサイクル全体で排出される温室効果ガスの量を表示する仕組みを，カーボンフットプリントという．消費者がより低炭素[*8]なものを選ぶための判断材料を提供することにつながる．

(c) 排出権取引

汚染物質排出者に一定の排出量を割り当て（排出権），その取引を認める制度である．汚染対策を導入し，割当量以下の排出量で操業が可能な企業は，余った分を市場で売却し利益を上げることができるため，汚染対策のインセンティブになる．米国は酸性雨対策のほうで，硫黄酸化物の排出についてこの枠組みを利用している．また，国際的な二酸化炭素の排出抑制に適用し，国際的な排出権売買市場を作り，同様の国際的なインセンティブ，国際的な資金移転メカニズムが構築されつつある．

また，新しい温室効果ガス排出抑制策として，国別だけでなくセクター（部門）別に削減量を割り当てる手法が考えられている．発電部門，産業部門，農業部門など各産業別に温室効果ガスの排出量の割り当てが決められ，部門ごとに割り当てられた排出量を守ることが要求される仕組みである．日本は，とくに産業部門などで省エネルギー技術が進んでおり，このセクター別の排出割り当てが仕組みとして世界各国に受け入れられれば，省エネルギー技術の強みを活かせる．

また，カーボンオフセット[*9]などの考え方の普及により，さらなる低炭素社会の実現が可能になってくると考えられる．

5.6 オゾン層の破壊

3.1節で述べたように，大気中にはオゾン層とよばれる層があり，地球への紫外線の入射量と密接に関係している．成層圏におけるオゾン O_3 の生成反応と破壊反応を式 (5.2)〜(5.6) に示す．フロンガスが大気中に放出されて上空に達すると，紫外線の作用でこれが分解されて，反応性に富む塩素原子を放出する．この塩素原子がオゾンと反応して一酸化塩素 ClO と酸素になる．さらに一酸化塩素は，本来オゾンを生成する酸素原子と反応して再び塩素原子と酸素を生成する．生成した塩素原子が再び同じ反応を繰り返すといった連鎖反応により，オゾンの破壊反応が進行する．

〈オゾンの生成反応〉

$$O_2 \xrightarrow{\text{UV}} O+O \tag{5.2}$$

$$O+O_2 \longrightarrow O_3 \tag{5.3}$$

〈オゾンの破壊反応〉

$$CCl_3F \xrightarrow{\text{UV}} CCl_2F+Cl \tag{5.4}$$

$$Cl+O_3 \longrightarrow ClO+O_2 \tag{5.5}$$

$$ClO+O \longrightarrow Cl+O_2 \tag{5.6}$$

オゾン層の破壊が進むと，有害な紫外線が地上へと降り注ぎ，皮膚ガンや白内障等が増加するといった深刻な影響をヒトに対して与える可能性があり，オゾン層の破壊の問題は世界的な問題へと発展している．このうち塩化水素 HCl と塩化メチルに関しては自然発生減も寄与するが，他のフロンガス等はすべて完全に人為起源である．

フロンガスには，フロン11，12，113等の種類

[*7] 排出ガスおよび燃費性能の優れた自動車の税率を軽減する特例措置として，自動車税のグリーン化というものも行われており，これも炭素税の一種とみなせる．

[*8] 言葉として違和感を覚えるかもしれないが，炭素消費量が少ないこと，または二酸化炭素排出量が少ないことを意味する言葉．

[*9] 自らの日常生活や企業活動などによる温室効果ガス排出量のうち，削減が困難な量の全部または一部を，他の場所で実現した温室効果ガスの排出削減や森林の吸収などをもって埋め合わせる活動．

があり，メタンや低級炭化水素の水素原子をフッ素等のハロゲン元素で置換した有機化合物の総称である．フロンは化学的にきわめて安定で耐熱性があり，揮発しやすいのに燃えにくい，空気といかなる割合で混合しても引火・爆発しない，有機塩素系化合物では例外的に低毒性であり，結合しているフッ素原子数が増すほど毒性は減少する．さらに，臭素を含むフロンは，燃焼を防ぐ作用やきわめて安定性に優れた性質をもつため，冷蔵庫やクーラー等の冷媒，発泡剤，半導体等の電子部品の洗浄剤，衣類のドライクリーニング等幅広く使用されている．

フロンは大気中での反応速度，移動速度が遅い

ため，現在オゾン層を破壊しているのは約15年前に放出されたものである．成層圏に到達していないフロンがまだ約80%対流圏に存在するとされ，これらは今後成層圏に達し，オゾン層を破壊する原因となっていく．

なお，1993年，札幌上空で成層圏オゾン濃度が例年より10%も減少していることがわかった．以前から冷蔵庫やエアコン等に使用されているフロンガスの放出によって，南極圏など上空の成層圏オゾンが破壊されていることが指摘されてきたが（**オゾンホール**）[10]，実は日本の上空でもオゾン層破壊が進んでいたのである．

5.7 紫外線と発ガンリスク

太陽から降り注ぐ紫外線には，図5.15に示したように，波長320〜400 nmのUV-A，280〜320 nmのUV-B，280 nm以下のUV-Cが含まれている．このうち生物に対して有害な紫外線は242〜290 nmにあって，DNAに吸収されて，遺伝子に突然変異を起こしたり，タンパク質に吸収されて，その立体構造を変えたりするため，皮膚や目にダメージを与える．オゾン層は波長200〜360 nmの紫外線を吸収するため，オゾン層が存在することにより，生物に有害な紫外線が地上に

到達することはなくなる．もしオゾン層がなくなると，有害な紫外線が地上に降り注ぎ，皮膚ガンや白内障の発症率が増加，免疫能が低下する．

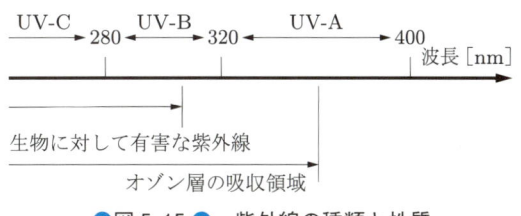

●図5.15● 紫外線の種類と性質

5.8 オゾン層破壊の防止対策

オゾン層破壊の防止対策として，代替フロンの生産と使用，フロンの生産と使用の停止・禁止，既存のフロンの回収と処理などが行われている．

5.8.1 代替フロン

現在，フルオロカーボンの塩素の一部または全部を他の元素で置換した，代替フロンが開発され

ている．また，さまざまなスプレー缶の高圧封入ガスには，フロンではなくプロパンも用いられるようになっている．これらの代替フロン・代替ガスは大気中に放出されても，オゾン層に達する前に分解されるか，オゾン層破壊の原因である塩素を含んでいないため，オゾン層を破壊することはないが，温室効果が大きいという問題がある[11]．

---

[10] 南極域上空では，冬から春にかけての低温のため，極域成層圏雲とよばれる雲が生じる．成層圏に到達したフロンガスに含まれる塩素や臭素は，この雲の粒子表面での反応で活性化され，太陽光によってさらに分解された塩素や臭素の原子が触媒となってオゾンの連鎖的な分解反応を促進する．
[11] たとえば，ハイドロフルオロカーボンはハイドロクロロフルオロカーボンを代替できるガスであるが，温室効果はより強力である．

5.8.2　フロンの生産と使用の禁止

1985年にオゾン層破壊防止のための世界的な取り組みが始まり，フロンの生産や使用の削減に向けてのウィーン条約が締結され，1987年には「オゾン層を破壊する物質に関するモントリオール議定書」が採択された[*12]．日本でも1988年に「オゾン層保護法」が公布され，フロンの規制が始まった．1995年には先進国における特定フロンの生産が全廃された．

このような国際的な取り組みが功を奏して，特定フロンの大気濃度は減少傾向にある．オゾン層保護は，有効な対策が世界規模で迅速に実行され，地球環境問題の中ではもっとも効果を上げているとされる．図5.16に，わが国における特定フロンの削減実績を示す．生産量，消費量ともに年々減少し，1996年には生産量，消費量ともにほぼなくなった．

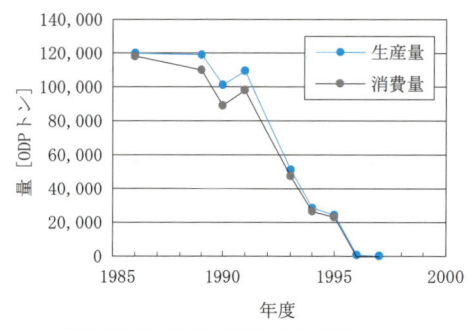

・1997年以降は生産，消費ともに全廃．
・ODPトンは各生産量・消費量にオゾン破壊係数を乗じた数値．

●図5.16●　わが国における特定フロンの削減実績（[8]を基に筆者作成）

5.8.3　フロンの回収と処理

現在は，家電リサイクル法・自動車リサイクル法・フロン回収破壊法に基づき，冷蔵庫および家庭用エアコン，カーエアコン，業務用冷凍空調機器について，冷媒として残存しているフロン類の回収が義務づけられている．

回収されたフロンの分解には燃焼法など，表5.2に示したいくつかの方法がある．フロンは安定であるため，容易に分解せず，コストが高いが，一部はすでに実用化されている．

■表5.2■　主なフロン分解技術

方法	特徴
触媒（酸化チタン系）法	フロンと水蒸気を含んだ空気を約400℃で触媒に流通
プラズマ分解法	フロンと水蒸気との低圧混合気体中でプラズマを発生
廃棄物混焼法	廃棄物焼却炉で焼却して破壊処理する
石灰石焼成法	フロンを混合して石灰を焼成（1,000～1,300℃）
超臨界水法	フロンを含んだ水を超臨界状態[*]にする
火炎法	プロパン燃焼炎にフロンを導入・分解
過熱蒸気反応法	水蒸気中，約650℃でフロンを分解

＊　超臨界状態とは気体と液体が区別できない状態のこと．詳しくは物理化学の教科書を参照されたい．

[*12]　ウィーン条約締結当初の予想を上回るオゾン層破壊の進行を背景として，六度にわたり規制対象物質の追加や規制スケジュールの前倒しが行われるなど，段階的に規制強化が行われている．

演・習・問・題・5

5.1

温室効果ガスと定義されている気体物質のうち、二酸化炭素、一酸化二窒素、メタン、六フッ化硫黄の構造式を書け.

5.2

なぜ酸素分子 O_2 には温室効果がないのに、オゾン O_3 には温室効果があるのか.

5.3

大気中の二酸化炭素濃度は 380 ppmv である. これを%の単位に換算せよ.

5.4

フロンガスの一種である CCl_3F がオゾンを破壊する反応が、連鎖反応であることを説明せよ.

5.5

次の文の空欄に当てはまる数字を記入せよ.

地球を取り巻く大気は、そのほとんどが温室効果のない窒素と酸素で占められている. 地球の平均気温が約（ a ）℃に保たれている理由の一つが温室効果ガスである. 二酸化炭素や水蒸気などの温室効果ガスの濃度はわずかであるが、この温室効果がまったくない場合、地球の平均気温は（ b ）℃まで低下すると試算されている. 森林は温室効果ガスの削減に重要である. 世界の陸地面積のうち、森林は（ c ）%を占める. そのうち約（ d ）%を占める熱帯林の役割は、生物多様性の保全の観点からもとくに重要である.

5.6

地球温暖化への影響を考えた場合、メタン2トン、一酸化二窒素 0.005 トンは、二酸化炭素何トンに相当するか.

第 6 章
エネルギー資源

　エネルギー資源は人間生活を豊かにするうえで必須のものであり，人類はその時代の技術力に応じて，さまざまな資源をより利便性の高い物質やエネルギーに変換して利用してきた．一方で，過度なエネルギー消費にともなう環境問題や，資源をめぐる争いが生じている．科学技術による，新エネルギーの開発や省エネルギープロセスの構築が求められている．とくに，環境化学の視点からは，エネルギーの利用スキーム全体について，地域とグローバルの両方の環境に対する負荷を評価し，持続可能なシステムを考えていきたい．本章ではエネルギー資源の概要と，それに関連した環境問題について学ぶ（図 6.1）．

KEY　WORD

エネルギー自給	エネルギー資源	エネルギー変換プロセス	化石資源	原子力
水力	バイオマス	再生可能エネルギー		

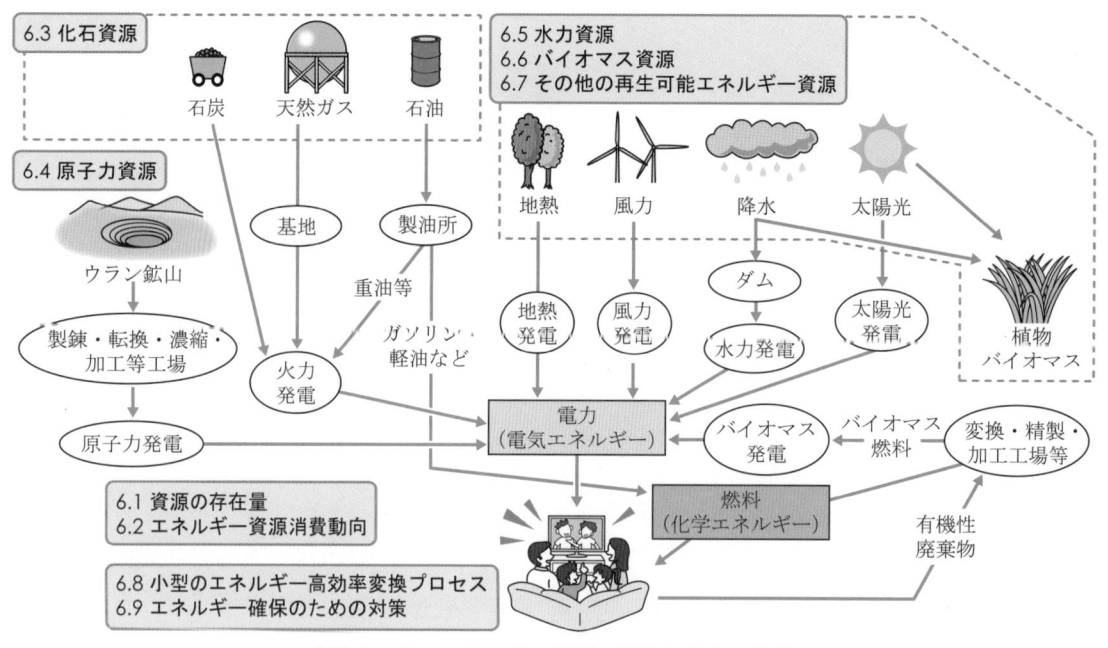

●図 6.1 ●　エネルギー資源の概念と本章の構成

6.1 資源の存在量

主要なエネルギー資源がどの程度存在しているのか，今後のエネルギー政策を検討するために調べてみよう*1．世界エネルギー会議（World Energy Council）の調査報告では，2015年末の全世界の石炭，石油，および天然ガスの可採年数（確認可採埋蔵量をその年の生産量で除した値）は，それぞれ114年，50.7年，および52.8年とされている[1]．もちろんこれらの数字はさまざまな状況に応じて変化するものであるが，これらの数値から，エネルギー資源としてこれまで長期間社会を支えてきた石炭，石油，および天然ガスが決して潤沢ではないことが読みとれる．

6.2 エネルギー資源消費動向

各国が，その消費エネルギーの何パーセントを自ら供給しているのかを示す指標をエネルギー自給率とよぶ．一般に，日本のエネルギー自給率は低いといわれるが，世界各国と比較してどの程度であろうか．図6.2は2013年の主要国のエネルギー自給率[2]を，図6.3は日本のエネルギー自給率の推移[3][4]を示す．この図より，他の先進国に比べて日本のエネルギー自給率が低く，また1970年以降この水準が続いていることがわかる．また，原子力に対する依存性が高い状態で推移してきたことも，日本のエネルギー利用上の特徴の一つである．

図6.4に日本の一次エネルギー供給の推移を示す[5]．この図より，1973年の第四次中東戦争による第一次オイルショック，1979年のイラン革命による第二次オイルショック等，一時的な落ち込

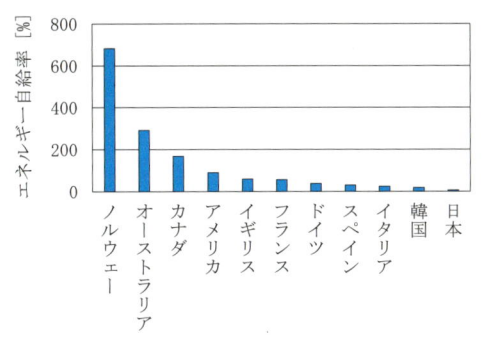

●図6.2● 各国のエネルギー自給率（2013年）
（[2] を基に筆者作成）

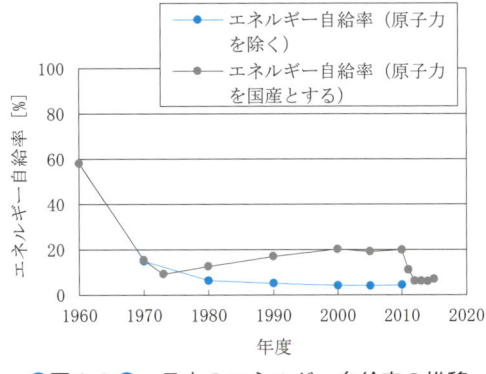

●図6.3● 日本のエネルギー自給率の推移
（[3] [4] を基に筆者作成）

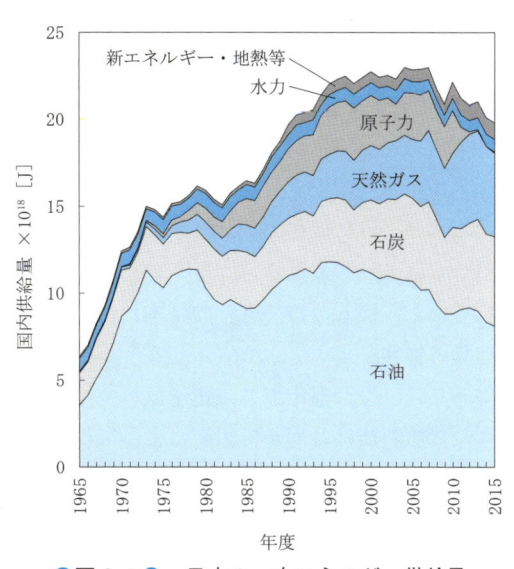

●図6.4● 日本の一次エネルギー供給量
（[5] を基に筆者作成）

---

*1　地球温暖化対策を考慮したエネルギー対策がきわめて重要であり，5.3 節を参照されたい．

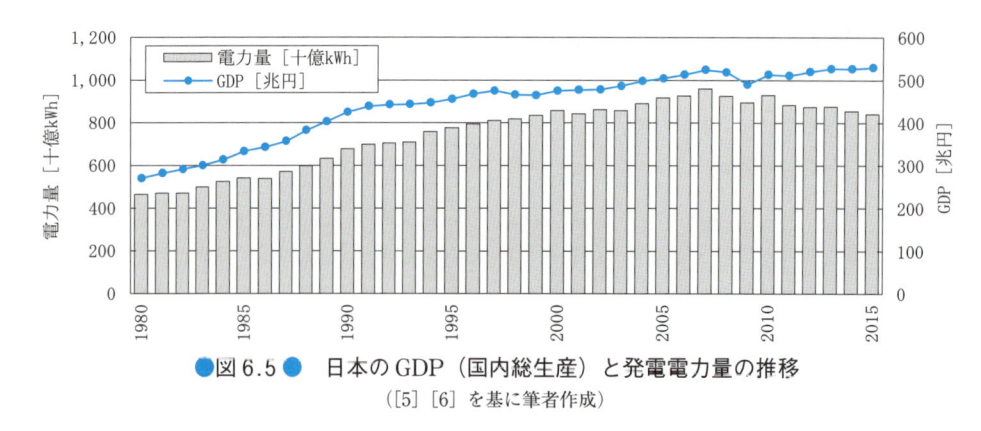

●図 6.5 ●　日本の GDP（国内総生産）と発電電力量の推移
（[5][6] を基に筆者作成）

みは見られるが，基本的に一次エネルギー供給量は増加傾向を示している．しかしながら，とくに 1970〜1979 年は石油が全体の 7 割以上を占めていたが，その後その割合が減少した．また，2011 年の福島原発事故以降，原子力の割合が顕著に減少していることがわかる．

なお，電力需要と経済発展には関係性があり，その様子を示したものが図 6.5 である．こういった結果から，電力は豊かな社会のシンボルともいえる．

6.3 化石資源

6.3.1　石炭

石炭は高品質のものから順に，無煙炭（固定炭素 80〜100%），高度れき青炭（同 65〜80%），低度れき青炭（同 50〜65%），褐炭（同 40〜50%），泥炭（同 40% 以下）と分類される．高品質なものほど炭素含有量や発熱量が高く，揮発分が少ない．

石炭は固形燃料資源の代表であり，かつては「黒いダイヤ」とよばれ，大変重要な基盤資源としてもてはやされ，19 世紀後半から 20 世紀初頭のエネルギー供給を支えた．また，石炭の埋蔵場所は石油のように偏在しておらず，日本においてもかつては各地の炭鉱から，多くの石炭を採掘供給していた．図 6.6 に，近年の日本における石炭供給量の推移を示す[5]．2015 年現在，製鉄におけるコークス*2 や，都市ガス，化学原料生産用に用いられる原料炭はわずかに国産によって供給されているものの，燃焼目的で用いられる一般炭はすべてが輸入品となっている．

また，固体である石炭を液化する技術が注目されている．石炭は，高温で熱分解すると一酸化炭素や水素を発生する（石炭ガス化）．生成された一酸化炭素と水素からは，化学変化によりメタノールなどの燃料を生産できる．さらに，この一酸化炭素と水素を原料として，フィッシャー・トロ

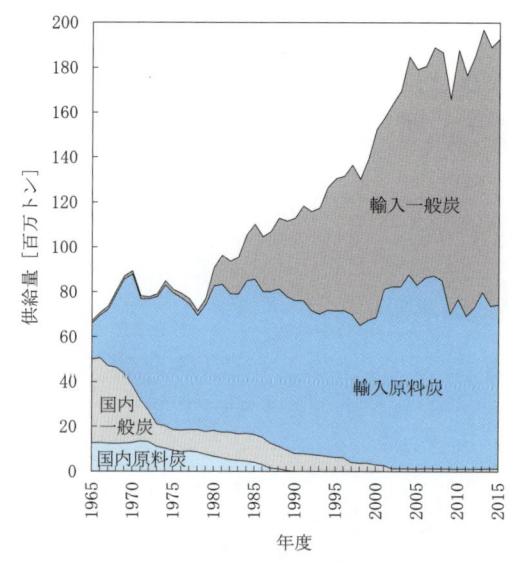

●図 6.6 ●　日本における石炭供給量の推移
（[5] を基に筆者作成）

*2　コークスとは，石炭の非酸化的熱分解によって得られる多孔質燃料であり，鉄鉱石から銑鉄を生産する場合に必要なものである．

プシュ反応（Fischer–Tropsch 反応）によって液体燃料（炭化水素）を生産することも可能である．なお，この技術は CTL（coal to liquid）とよばれ，GTL（gas to liquid）や BTL（biomass to liquid）と並んで，原油代替液体燃料の製造方法として注目されている．

$$(2n+1)H_2 + nCO \longrightarrow C_nH_{2n+2} + nH_2O \quad (6.1)$$

また，燃料を製造する際には，それぞれの燃料に適した一酸化炭素と水素の存在比がある．その存在比の調整に利用される反応が，water-gas シフト反応とよばれる次のものである．

$$CO + H_2O \longrightarrow CO_2 + H_2 \quad (6.2)$$

6.3.2 石油

さまざまな分子量の炭化水素を主成分とする混合物で，液体である石油は，前述の石炭や後述の天然ガスと比較して燃料や化学原料としての取り扱いや保管が容易であり，現在のエネルギー資源の主役である．また，プラスチックを代表とする多種多様な石油化学製品の原料となっている点も石油の大きな特徴の一つである．原油価格の変動が多くの製品の価格に影響を与える点からも，このことがうかがえる．さらに地球上での存在場所には偏りがみられ，結果として産油国におけるさ

まざまな事象が原油価格を大きく左右するといった，戦略的資源としての特徴をもっている点も大きな特徴である．

典型的な油田の断面図と原油の存在状態を図6.7 に示す[7]．油田より採掘された原油は，図 6.8 のような蒸留過程を経て，さまざまな燃料，化学原料へと変換される．この高度な精製技術の発展こそが，石油の社会基盤としての地位を確立したといえる．すなわち，図に示すように，石油の需要は自動車燃料となるガソリンや軽油，ジェット燃料などの航空機燃料，発電で用いられる重油，あるいは化学原料としてのナフサなどきわめて広範囲であり，現在の社会生活になくてはならないものである．

そのほか，粘性の高い重質油を含んだ砂や岩石であるオイルサンド[8]（図 6.9）や，腐泥炭の一種であるオイルシェールも石油の一種と分類され，その資源量は少なくない*3．

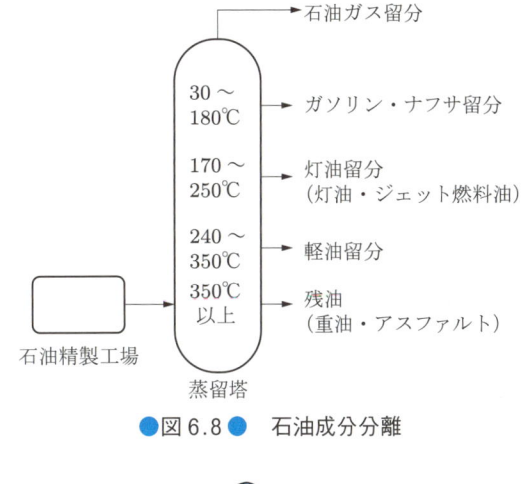

●図 6.8 ● 石油成分分離

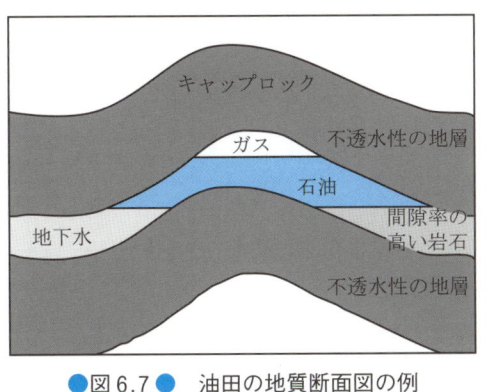

●図 6.7 ● 油田の地質断面図の例
（転載：[7]）

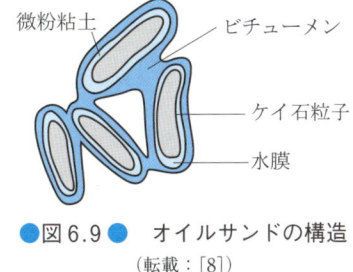

●図 6.9 ● オイルサンドの構造
（転載：[8]）

*3　オイルサンドの世界全体の原始埋蔵量は約 2 兆バレルと推定され，その 44% がカナダ，50% がベネズエラにある（1 バレル＝約 160 L）．オイルシェールの世界全体の原始埋蔵量は 3 兆バレル以上といわれ，アメリカ，ブラジル，ロシアなどの各地に分散している[9]．

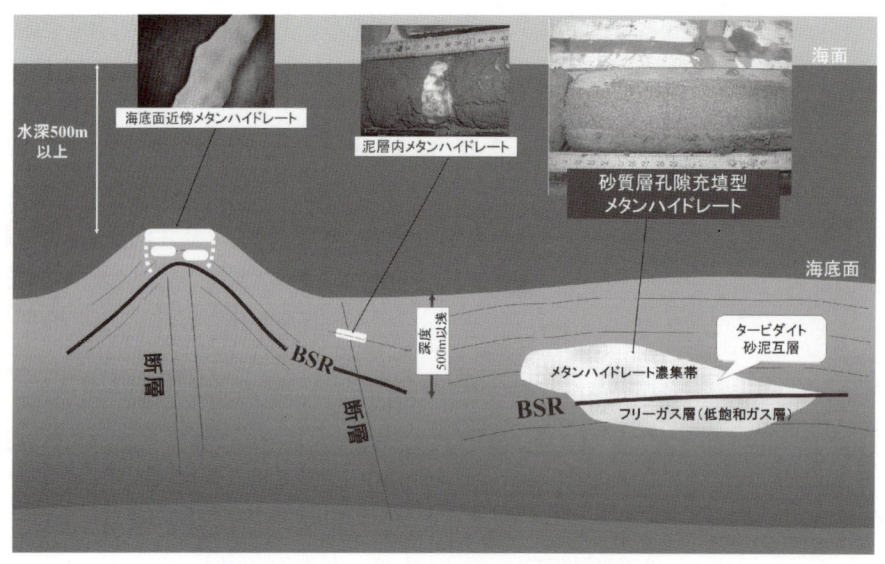

●図 6.10 ●　メタンハイドレート胚胎モデル
（提供：メタンハイドレート資源開発研究コンソーシアム）

6.3.3　天然ガス

　天然ガスは，メタンやエタンなどの低分子量炭化水素を主成分とした混合ガスである．日本では，発電用や都市ガス用としての用途が大きい．図6.4に示したように，供給・需要は年々増加してきている．また，最近では複合サイクル発電設備やコージェネレーション設備での燃焼利用も行われてきており，今後その需要はますます増大するものと思われる．

　天然ガスの長距離輸送は一般にパイプラインを用いる場合が多いが，日本への輸入のような海上輸送では，単位体積あたりの積載量を高めるため，液化天然ガス（LNG；liquefied natural gas）に高圧液化したうえで輸送する．

　また，水のクラスター中にメタンが取り込まれた状態で存在する，天然ガスの一種であるメタンハイドレートも近年注目を浴びている．図6.10はメタンハイドレートの胚胎モデルである．「燃える氷」とよばれるメタンハイドレートは，図のような低温高圧環境下に存在することができる．その生産技術はまだ発展途上であるが，日本近海では南海トラフなどでその濃集帯が確認されるなど，次世代資源として注目されている．一方，メタンハイドレートはこれまで使われたことがなかった資源であることから，開発にかかわる環境リスクの検討も重要であり，その計測のためのセンサーの開発や環境リスク予測シミュレーション等が進められている．

6.4 原子力資源

　原子核の結合エネルギーを利用することで，原子力エネルギーを取り出すことができる．エネルギー利用には，核分裂と核融合の2種類があり，現在，エネルギー資源として実用上用いられているものは，核分裂エネルギーである．とくに原子力エネルギーとして利用される物質はウラン235（^{235}U，半減期 7.04×10^8 年）である[4]．

　原子力発電は，多くの火力発電と同様に，水蒸気を発生させてタービンを回して発電する，いわゆる汽力発電に分類される．エネルギー密度の高

---

[4]　天然には，半減期（核分裂によって，その核種の数が半分になる時間）4.47×10^9 年の ^{238}U が 99.275%，上記の ^{235}U が 0.72%，半減期 2.45×10^5 年の ^{234}U が 0.0055% の割合で存在する．

い核燃料を利用する原子力発電は，とくにオイルショックの後，天然ガスとともに脱石油資源としての役割を果たしてきた．また，発電時の二酸化炭素排出量が少ないことから，近年では地球温暖化対策としての特徴も見出されてきている．しかしながら，2011年に日本で発生した東日本大震災にともなう福島第一原子力発電所事故や，1986年のチェルノブイリ原子力発電所事故等，世界中に原子力発電のあり方の根本を問いかける重大かつ深刻な出来事が起きている．安全性の確保は何よりも最優先すべき課題である．有事の際の環境影響は他のエネルギー資源と比べるものにならないほど甚大であることから，原子力安全に関する徹底的な議論が今後も引き続き必要である．

6.5 水力資源

水のもつ位置エネルギーを利用して発電するものが水力発電である．水力発電は物理エネルギーの変換であり化学変化をともなわないため，火力発電に比べて CO_2 やその他の有害ガスの排出削減という面からはきわめて有効な手段であると位置づけられる．しかしながら，その資源量は決して豊富とはいえない．図6.11は世界の水力資源を示したものである[10]．今後，大きな経済発展にともなう電力使用量の大幅な増加が予想されるアジアや中南米では経済包蔵水力に対してまだ発電量が少なく，水力資源としての余力がうかがえる．しかしながら，たとえばダム建設にともない転居を余儀なくされる人々への影響や文化的遺産の消失，生態系への影響も考慮した開発が必須である．

一方で，近年，より小さな規模の水力発電（小水力発電）が注目されている．水力発電の一般的な区分を表6.1に示す[11]．また，1 kW以下のきわめて小規模な発電を「ピコ水力」として細分化することもある[12]．とくに小水力以下のものは，今まで未利用であったエネルギーの回収を目的としたものが目立つ．小水力発電の導入事例として小河川や上水道原水を利用した事例などが報告されている[12]．図6.12は，浄水場に導入された小水力発電の例である．

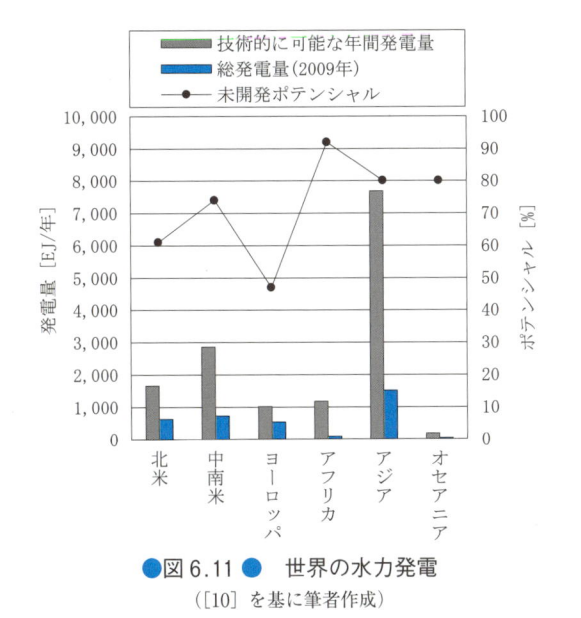

●図6.11● 世界の水力発電
（[10] を基に筆者作成）

●図6.12● 小水力発電の例 （提供：横浜市水道局）

■表6.1■　水力発電の区分（[11] を基に筆者作成）

出力区分 [kW]	既開発		
	地点	出力 [MW]	電力量 [GWh]
1,000 未満	541	226	1,404
1,000～3,000	429	765	4,286
3,000～5,000	165	620	3,261
5,000～10,000	285	1,935	9,840
10,000～30,000	367	6,136	28,271
30,000～50,000	89	3,377	14,949
50,000～100,000	67	4,384	16,896
100,000 以上	26	4,927	13,958
計	1,969	22,369	92,866

6.6 バイオマス資源

　化石資源に代わる新しい資源として，世界中でもっとも注目されているものの一つにバイオマス資源がある．バイオマスとは一般に生物資源の量を示す概念であるが，資源として見た場合には「再生可能な，生物由来の有機性資源で化石資源を除いたもの」とされる[13]．バイオマスはまた，有機資源であることから，エネルギーのみならず，石油と同様に各種の材料や工業原料生産のための資源としても用いることができるという特徴をもっている．

　もちろん，ここでのバイオマス資源のエネルギー利用とは，古くからの薪などとしての利用のみを意味するのではなく，現在のエネルギー資源や物質資源に対するさまざまなニーズを満たせる利用形態を意味する．したがって，バイオマス資源の利用を促すためには，科学技術を駆使して，既存の燃料に近い性質をもつ物質や利便性の高い物質に変換・精製する必要があり，その技術開発が盛んに行われている．

　バイオマス資源は図6.13のように分類される．このうち，日本における2016年の廃棄物系および未利用系バイオマスの発生量とその利用状況（エネルギー以外の利用も含む）を示したものが図6.14である[14]．廃棄物系では，食品廃棄物，

下水汚泥での未利用率が高い．

　技術に関しては，廃棄物系バイオマスからの燃料生産は一部実用化されている．また，未利用系バイオマスの利活用についても盛んに研究が行われている．一方，燃料に加工するための資源作物の利用は海外ではかなりの実用化例が見られるが，とくにわが国のような食糧自給率が低い国の場合には，食糧生産との競合に対して十分注意を払う必要がある．

　バイオマスから得られる製品はさまざまなものがある．燃料については糖質資源から得られるバイオエタノール（図6.15）や，油脂資源から得られるバイオディーゼル燃料（図6.16），また下水

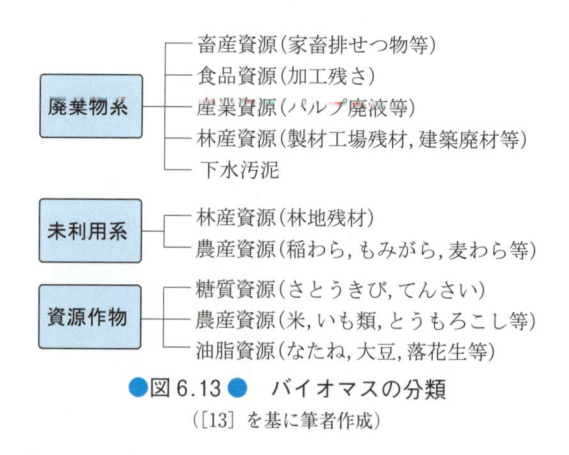

●図6.13●　バイオマスの分類
（[13] を基に筆者作成）

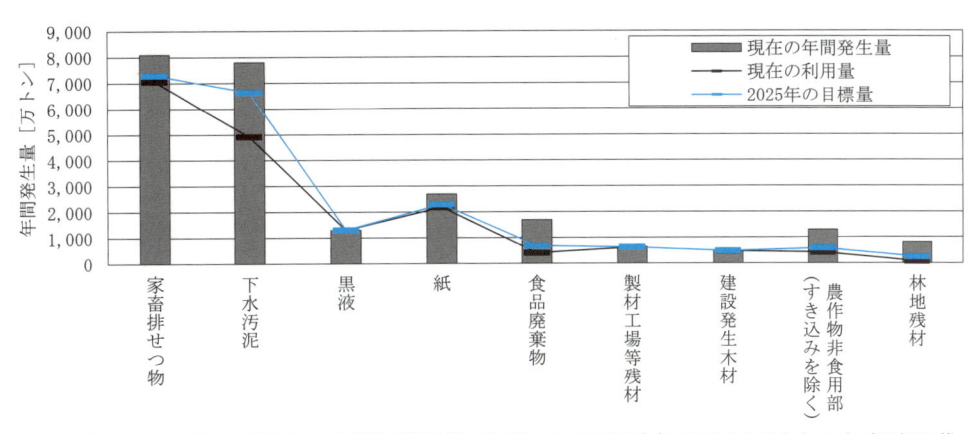

※1 現在の年間発生量及び利用率は，各種統計資料等に基づき，2016年3月時点で取りまとめたもの（一部項目に推計値を含む）．
※2 黒液，製材工場等残材，林地残材については乾燥重量．他のバイオマスについては湿潤重量．
※3 下水汚泥の利用率は東日本大震災の影響で低下．

●図6.14● 日本におけるバイオマスの発生と利用状況
（[14] を基に筆者作成）

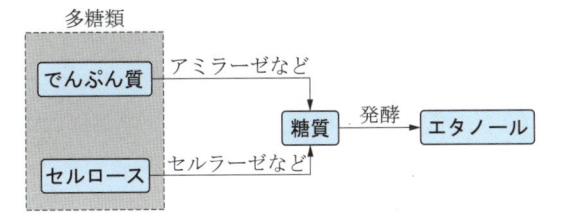

●図6.15● バイオエタノール生産

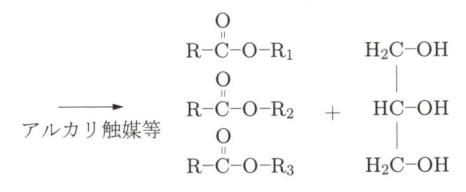

●図6.16● バイオディーゼル燃料生産

汚泥や家畜ふん尿のメタン発酵から得られる**メタン**などが代表例である[*5]．

バイオエタノールはブラジルなどを中心に実用化されている[*6]．バイオエタノールを約3%直接混合したレギュラーガソリンを **E3**，約10%混合したレギュラーガソリンを **E10** とよぶ（図6.17）．また，E10 については E3 より高濃度にバイオエタノールを混合するため，国土交通省の定めた基準を満たすことが認められた車両にのみ給油することができる[17]．

●図6.17● E3・E10 専用のガソリンスタンド[16]

*5　燃料以外では，生分解性プラスチックとして着目されたポリ乳酸が，糖の乳酸発酵と高分子化によって得られるものであり，バイオマスを原料とした材料の代名詞的な存在となっている．
*6　ブラジルでは 2013 年時点で 2,153 万 kL の導入実績があった．日本では 2014 年に 51 万 kL のバイオエタノールの導入がなされた[15]．

バイオディーゼル燃料は欧州を中心に実用化されている．バイオディーゼル燃料についても，混合比により **B10**（軽油にバイオディーゼル燃料を10%混合したもの）等とよばれる．バイオディーゼル燃料は，調理に使用した後の**廃植物油**から製造することもできる．日本国内においては，滋賀県で琵琶湖保全を目的とした菜の花プロジェクトに代表されるように，廃食用油を原料としたバイオディーゼル燃料生産プロジェクトが各地で進められている．

また，バイオマスの熱分解によって生じる水素および一酸化炭素から，触媒存在下，高温高圧でメタノールを合成することもできる．さらにメタノールの脱水反応によりジメチルエーテルを得ることもできる[*7]．

それぞれの特徴をみてきたが，バイオマス資源は石油や石炭などの化石資源と異なり，広く薄く分布する点に注意が必要である．したがって，輸送によるエネルギーロスを極力抑え，それぞれの発生形態や発生場所の需要に合わせて適切な変換・利用システムを開発することも，バイオマス資源を有効に利用していくうえで重要な課題である．さらには，燃料生産にともなって発生する残さや排水，あるいは排気ガスが新たな環境負荷とならないよう，十分な配慮も求められる．

例題 6.1 バイオマスの発熱量を 17 MJ/dry-kg とした場合，日本の一次エネルギー消費量に相当するバイオマス量はいくらか．ただし，日本のエネルギー消費量を石油換算で5億トンとし，石油換算1トンは 4.19×10^4 MJ として計算せよ．また，日本の林地残材発生量 800 万トン（乾重）（図6.14）がすべてエネルギーになったとすると，日本の一次エネルギー消費量の何%にあたるか．

解答 5億トンの石油は $500{,}000{,}000 \times 4.19 \times 10^4 = 2.1 \times 10^{13}$ MJ となる．一方，バイオマスの発熱量を 17 MJ/kg として計算すると，この数字は 12 億トンのバイオマスに該当する．また，林地残材 800 万トン（乾重）がエネルギーになったと仮定すると，日本の一次エネルギー消費量の $(8{,}000{,}000 / 1{,}200{,}000{,}000) \times 100 = 0.7$%にあたる．

例題 6.2 トリオレイン（トリグリセリドの1種）1トンからバイオディーゼル燃料としてオレイン酸メチルを生産する場合，メタノールの理論必要量はいくらか．また，100%の変換が行われた場合，得られるオレイン酸メチル，およびグリセリンの量はいくらか．ただし，トリオレインの分子量を 885，オレイン酸メチルの分子量を 296，メタノールの分子量を 32，グリセリンの分子量を 92 として計算せよ．

解答 バイオディーゼル燃料，すなわち脂肪酸メチルエステルを作成する場合には，トリグリセリド 1 mol に対し，メタノール（分子量 32）3 mol が必要である．つまり，1 トンのトリオレインに対し，$1 \text{トン} \times (32 \times 3)/885 \fallingdotseq 0.1$ トンのメタノールが必要である．また，100%変換が行われると，トリオレイン 1 mol から，オレイン酸メチルが 3 mol，グリセリンが 1 mol 生成する．したがって，1 トンのトリオレインからは，バイオディーゼル燃料が $296 \times 3/885 \fallingdotseq 1$ トン，グリセリンが $92/885 \fallingdotseq 0.1$ トン生成される．

[*7] さらに，ある種の植物プランクトン（*Botriococcus braunii*）が生産する炭化水素に注目し，藻類由来のバイオ燃料生産に関する研究も進められている．

6.7 その他の再生可能エネルギー資源

上述の資源以外では，太陽熱利用，太陽光発電，風力発電，地熱利用（発電と熱供給）などが注目されている．いずれも事実上無尽蔵に存在する資源を利用する技術である．

太陽熱利用システムはソーラーシステムともよばれ，温水製造や熱回収による発電に用いられる．発電効率は 30% 程度であるが，とくに砂漠地帯など，他の資源の調達が期待できない場所での発電方法として注目されている．太陽光発電はいわゆる太陽電池による発電である．太陽電池とは，シリコンなどの半導体を用いて太陽の光エネルギーを電力に変換するシステムである．図 6.18 は浄水場ろ過池覆蓋上部に導入された太陽光発電の例である．

風力発電についての検討は世界各地で行われてきているが，とくに国策として推進を掲げているデンマークや，オランダ，ドイツ，および米国などが研究を先導している．日本における風力発電の総設置容量とその基数は図 6.19 のように推移しており，その導入が進んできている様子がわかる．一方，その発電システムの設計には発電機そのものの技術的な進歩に加えて，不確定要素の高い風力を資源としている点から，安定的な電力供給には的確な風力予測などが重要となる．

地熱発電は，地下に掘削した 1,000〜3,000 m の坑井から噴出する天然蒸気を用いて，タービンを回転させて電力を得る蒸気発電である．地熱流体の温度が低く，十分な蒸気が得られない場合に，沸点の低い媒体（例：ペンタン）を利用して発電する方法（バイナリー方式，図 6.20）[19] もある．上述の太陽熱・光利用や風力利用と異なり，年中安定的な電力供給が行えるが，設置が可能な場所が限られる点が短所となる．

●図 6.18 ● 太陽光発電の例

（提供：東京都水道局）

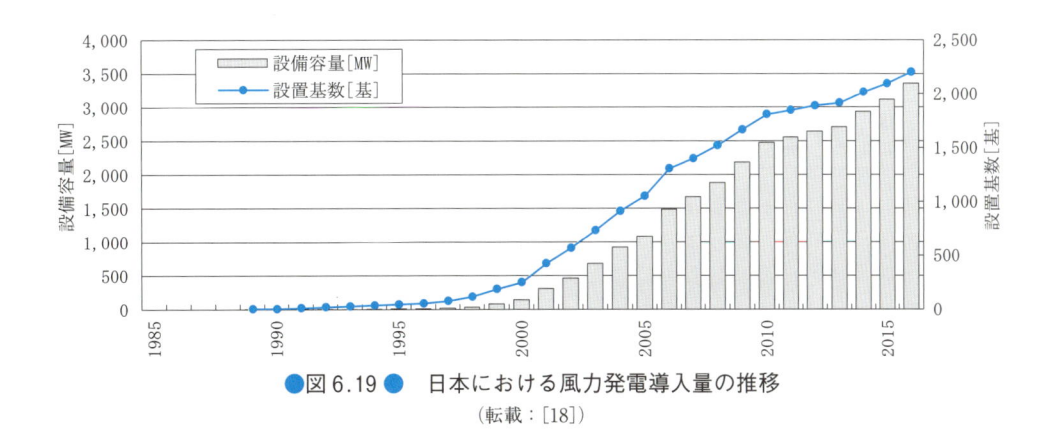

●図 6.19 ● 日本における風力発電導入量の推移

（転載：[18]）

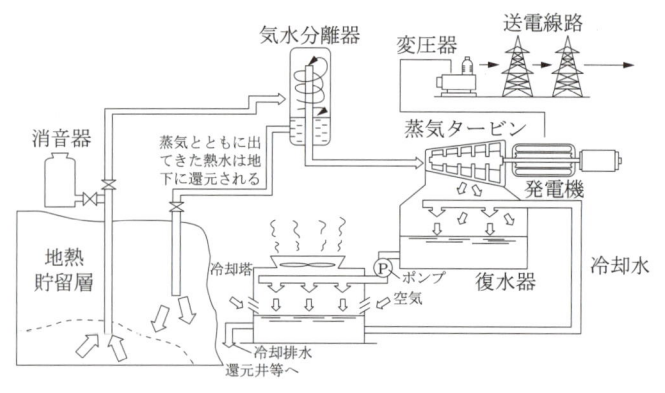

（a）シングルフラッシュ方式

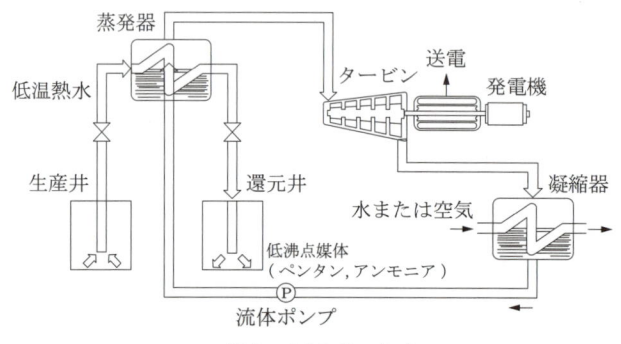

（b）バイナリー方式

●図6.20● 地熱発電の概略図（上：シングルフラッシュ方式，下：バイナリー方式）
（転載：[19]）

例題 6.3 年平均全天日射量 $13\,\mathrm{MJ/(m^2 \cdot 日)}$ の地域に，エネルギー変換効率 10％の太陽光発電を導入する場合を考える．1世帯あたり1ヶ月の電力使用量を $300\,\mathrm{kWh}$[20]とした場合，同地域で20世帯の電力使用をすべて賄うには何 $\mathrm{m^2}$ の太陽光パネルが必要となるか．ただし，1ヶ月を30日，$1\,\mathrm{MJ}=0.2778\,\mathrm{kWh}$ として計算せよ．また，同地域で1世帯が5％の電力を太陽光で賄おうとした場合，この太陽光発電システムとすると何 $\mathrm{m^2}$ のパネルが必要となるか．

解 答 $13\,\mathrm{MJ/(m^2 \cdot 日)}=110\,\mathrm{kWh/(m^2 \cdot 月)}$．エネルギー変換効率が10％であるので，$11\,\mathrm{kWh/(m^2 \cdot 月)}$ の電力が得られる．これに対し，$20 \times 300=6{,}000\,\mathrm{kWh}$ の電力を賄うこととなるので，$6{,}000/11=550\,\mathrm{m^2}$ のパネルが必要となる．また，1世帯の使用電力の5％は，20世帯全体の0.25％に相当するので，パネル面積としては $1.4\,\mathrm{m^2}$ となる．

6.8 小型のエネルギー高効率変換プロセス

　エネルギー変換プロセスの代名詞的存在である発電プロセスの開発は，これまでのところ，いわゆるスケールメリット追求型の超大型設備の方向で進められてきた．スケールメリットとは，装置の規模が大きいほど生産コストが低下し，メリットが生まれることを意味する．その結果，巨大ス

ケールの発電施設が数多く設立されてきた．一方で，近年では発電効率の高い小型の発電システムがいくつか提案され，実用化されてきている．ここでは，その代表例といえる燃料電池とマイクロガスタービンについて説明する．

6.8.1 燃料電池

燃料電池とは，各種電解質によって隔てられた正極（酸素極）と負極（燃料極）からなり，正極に酸素，負極に水素，メタノール，一酸化炭素，炭化水素などを供給して，電解質中を酸素イオンあるいは水素イオンを移動させることにより電位を発生させる電池である．水素燃料電池の概略を図 6.21 に示す．水に電気を加えて水素と酸素を生産する電気分解の逆過程とみることができる．

燃料電池は電解質の種類によって，固体高分子型（PEFC），リン酸型燃料電池（PAFC），溶融炭酸塩型燃料電池（MAFC），固体電解質型燃料電池（SOFC）の 4 種類に分類される（表 6.2）．中でも PAFC はもっとも開発が進み，商品化されている．MAFC と SOFC は一酸化炭素も燃料として用いることができる点が特徴である．なお，近年注目されている燃料電池車では PEFC が用いられている．

6.8.2 マイクロガスタービン

小型分散型エネルギーシステムとして燃料電池と並んで注目されているのがマイクロガスタービンである．マイクロガスタービンは原理的には大型のガスタービンを小型化したもの（出力は 100 kW 未満）である．図 6.22 にその概略を示す．小型であることに加えて，タービンと発電機が一軸直結式のシンプルな構造であることや，コージェネレーションにより総合効率を高めていること，動作温度が比較的低温（900 ℃程度）であることなどが特徴である．

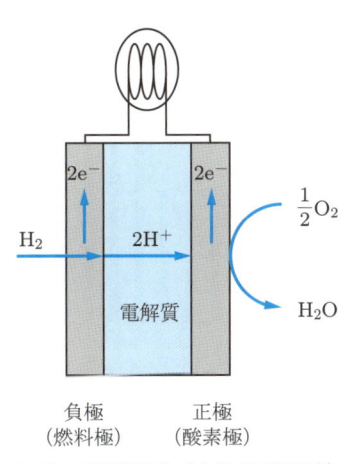

●図 6.21 ● 燃料電池（水素燃料電池）の概略

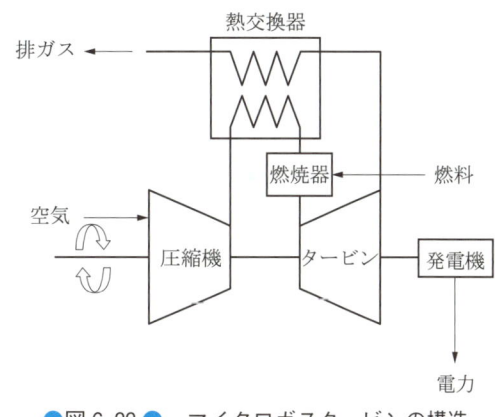

●図 6.22 ● マイクロガスタービンの構造

■表 6.2 ■ 代表的な燃料電池の種類

	固体高分子型 (PEFC)	リン酸型 (PAFC)	溶融炭酸塩型 (MAFC)	固体電解質型 (SOFC)
原料	都市ガス，LPG 等	都市ガス，LPG 等	都市ガス，LPG，石炭等	都市ガス，LPG 等
作動気体	水素	水素	水素，一酸化炭素	水素，一酸化炭素
電解質	陽イオン交換膜	リン酸	炭酸リチウム 炭酸カリウム	安定化ジルコニア
作動温度	常温～約 90 ℃	約 200 ℃	約 650 ℃	約 1,000 ℃
発電出力 発電効率 ［LHV］	～50 kW （35～40%）	～1,000 kW （35～42%）	1～10 万 kW （45～60%）	1～10 万 kW （45～60%）

6.9 エネルギー確保のための対策

以上，各種エネルギー資源について，その特徴を学んできた．一方で，そもそもエネルギーは社会の発展や維持のうえで欠かせないものであり，その十分な確保は，結果的に国の存続を左右するほどのインパクトをもつ．この確保のための日本の政策の代表的なものに，省エネルギー対策と再生可能エネルギーの導入促進が挙げられ，エネルギー自給率向上のみならず，地球温暖化対策（詳細は第5章参照）のうえでも有効である．

省エネルギー対策について，わが国ではオイルショックを契機として1979年に「エネルギーの使用の合理化に関する法律」（省エネ法）が制定された．それ以降，わが国では省エネルギー化が進み，1979年と比較して2015年時点で約40%エネルギー効率が改善されており（図6.23），世界最高水準のエネルギー効率を実現している（図6.24）[5]★8．

また，再生可能エネルギーの導入拡大を目指し，「電気事業者による再生可能エネルギー電気の調達に関する特別措置法」（再エネ特措法，FIT法）が制定され，再生可能エネルギーにより発電した電気を国が定めた価格・期間で電気事業者が買取することを義務づける，再生可能エネルギーの固定価格買取制度（FIT）が2012年7月1日からスタートした．さらに2017年4月1日には改正

FIT法が施行され，事業の適切性や実施可能性をチェックして長期安定化発電を促すための新しい認定制度の導入や，将来の再生エネルギー自立化に向けた新しい価格決定方法が導入された．図6.25は再生可能エネルギー買取制度の概要を示したものである．

以上のような省エネルギー対策や再生可能エネルギー導入は，わが国の安定的なエネルギー確保のうえで必要であるばかりでなく，発展が期待される省エネルギー・再生エネルギー技術を通じた国際貢献に対しても今後ますます重要となってくるであろう．

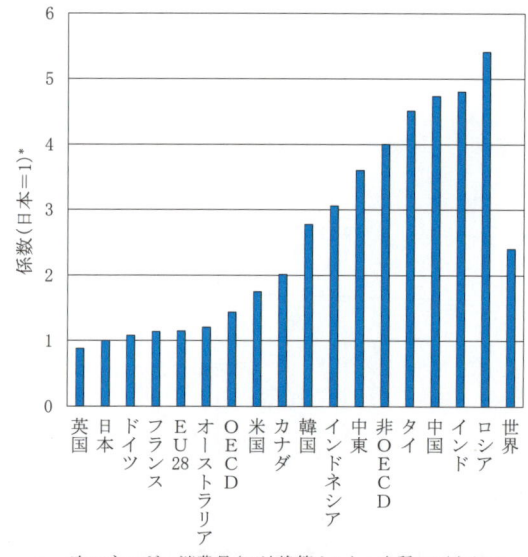

* 一次エネルギー消費量(石油換算トン)÷実質GDP(米ドル，2010年基準)を，日本=1として換算．

●図6.24 ● 各国の実質GDPあたりエネルギー消費の比較

（[5] を基に筆者作成）

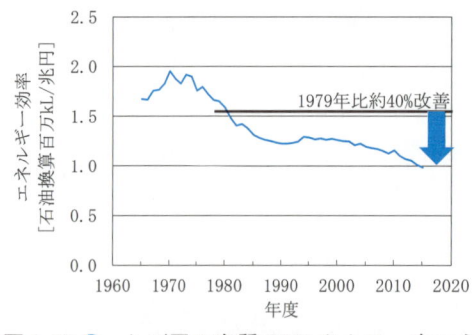

●図6.23 ● わが国の実質GDPあたり一次エネルギー消費量

（[5] を基に筆者作成）

★8　一方で，1980年代以降の効率の伸び悩みも指摘されており，その一層の対策が求められている．

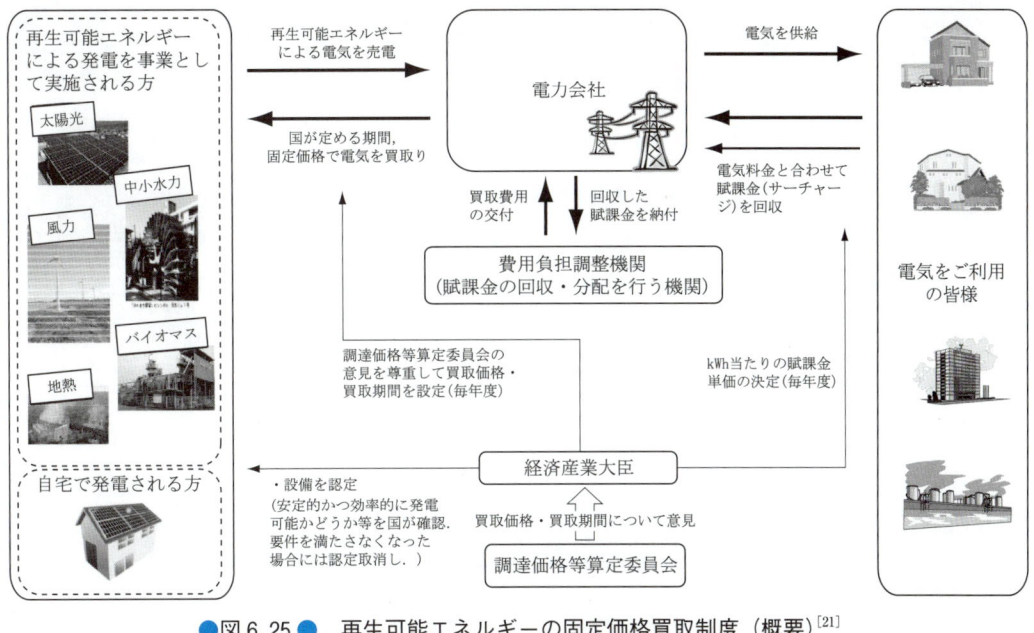

●図6.25● 再生可能エネルギーの固定価格買取制度（概要）[21]

演・習・問・題・6

6.1
石炭，石油，天然ガスの特徴，資源分布と利用方法について述べよ．

6.2
バイオエタノールとバイオディーゼル燃料の違いを，原料や製法の観点から述べよ．

6.3
燃料電池の化学的原理を，水の電気分解と比較して述べよ．

ゴミ・廃棄物

　人間活動には，不要物である廃棄物の排出が必ずともなう（図7.1）．この廃棄物は，発生から最終処分までさまざまな形で環境負荷・環境汚染を引き起こす．とくに，都市における廃棄物問題は，18世紀のロンドンで顕在化し，さらに19世紀にかけて食品廃棄物や排せつ物などによる汚染が深刻な問題となっていった．現在も進行中の問題であり，リサイクル社会の創造，廃棄物の再資源化が強く求められている．本章では，再資源化を阻む要因を明確にし，解決のための技術とその限界について明らかにする．

KEY 🔑 WORD

一般廃棄物	産業廃棄物	不法投棄	廃棄物処理	最終処分場
リサイクル	焼却	資源化		

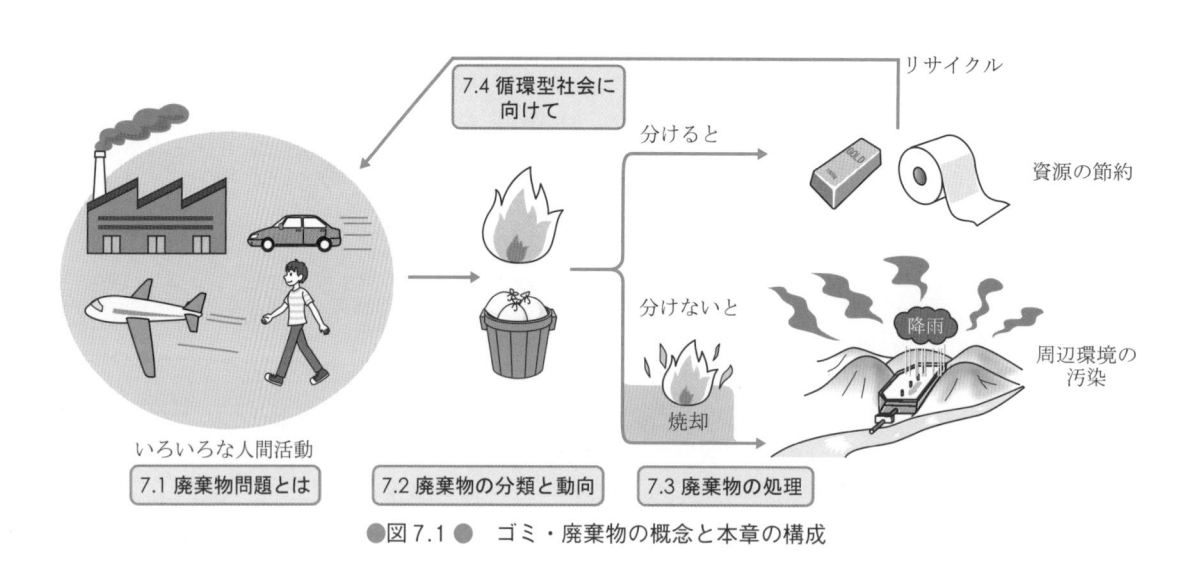

●図 7.1 ● ゴミ・廃棄物の概念と本章の構成

7.1 廃棄物問題とは

地域規模のゴミ問題は，廃棄物最終処分場の逼迫した残余容量や，最終処分場から流出する浸出水の河川水や地下水，海洋への汚染等，多種多様である．地球や資源のキャパシティーは有限であるから，人類の持続可能性のためには資源の循環利用が必要であるという理念が，最近ようやく浸透してきた．

日本では，循環型社会を作ることを目標とし，循環型社会形成推進基本法（2000年），リサイクル法（2001年）が制定され，国家レベルで取り組みが進められている．市民レベルでも，自治会による資源回収活動などがなされ，ゴミとリサイクルについての意識が少しずつ広まってきた．

図7.2に，ゴミ問題，とくにゴミが最終的に処分される最終処分場に関する問題点を，例えにより示す．「ゴミは汚いし臭いから，どこかに隠してしまえ」というような発想では，いつまで経っても廃棄物問題は解決しない．7.3.2項で述べるように廃棄物は最終的に埋め立て処分場に処分されるが，逆に処分場から環境中にガスや浸出水として放出され，周辺環境に大きな影響を与えることがあるため，用地の確保と管理に注意を払う必要がある．物質量は保存されるので，有害物質を処分場に埋めても消えてなくなることはない．有

機物ならば長時間を経れば徐々に分解されていくが，とくに（重）金属類は核分裂しない限り，将来にわたってどこかに存在し続ける．したがって，有害物質をいかに安全な形で管理するかが大切である．

7.1.1　廃棄物処理・管理

廃棄物が問題になるのは，単にそれらが「不要なものである」ということだけではなく，廃棄物の保管時，処理時に有害物質による環境汚染を引き起こすためである．たとえば，焼却炉排ガス，腐敗ガスによる大気汚染，埋立による土壌汚染，地下水等の水系汚染が挙げられる．具体的には，廃棄物中に含まれる水銀 Hg，カドミウム Cd，鉛 Pb，ポリ塩素化ビフェニル PCB，塩素系有害物質その他が，動植物のみならずヒトの健康にも影響を及ぼす．さらに，廃棄物のさらなる増加は，有限な資源，エネルギーの浪費を含むより大きな地球環境問題に発展していく恐れがある．

7.1.2　廃棄物の発生量とその抑制

図7.3に示した廃棄物の発生から最終処分までの過程では，廃棄物の減量（reduce），効果的な回収（recover），回収物の再利用（reuse），廃棄物の再生・リサイクル（recycle）が行われ，ゴミ対策の 4R とよばれている[*1]．わが国の一般廃棄

あふれかえるゴミ箱
（＝処分場の残余容量の逼迫）

穴の開いたゴミ箱

ゴミの汁が染み出ている
（＝化学物質の漏出）

●図 7.2 ●　最終処分場をゴミ箱に例えると

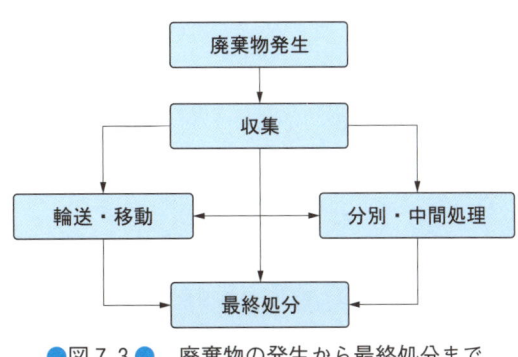

●図 7.3 ●　廃棄物の発生から最終処分まで

*1　日本では，不法投棄を除くとゴミ収集システムが健全に機能しているので，4R のうち recover を除いた 3R が重要といわれている．

序章
第1章
第2章
第3章
第4章
第5章
第6章
第7章
第8章

■表7.1■　主要国の一般廃棄物量（[1]を基に筆者作成）

国名	一般廃棄物排出量総量 [百万トン/年] (2014)	年央推計人口 [百万人] (2015)	面積 [1,000km²] (2015)	一人一日あたり [kg/（人・日）]	面積あたり [トン/（km²・年）]
アメリカ合衆国	227.60	321.77	9,833.52	1.94	23.15
中国	170.81	1,376.05	9,600.00	0.34	17.79
ロシア	80.56	143.46	17,098.25	1.54	4.71
ドイツ	50.06	80.69	357.38	1.70	140.09
日本	44.87	127.10	377.97	0.97	118.72
フランス	33.70	64.40	551.50	1.43	61.11
イギリス	31.13	64.72	242.50	1.32	128.38
イタリア	29.67	59.80	302.07	1.36	98.20

物発生の状況を世界の各国と比較すると，表7.1のようになる．わが国は，主要国の中で国土面積あたりのゴミ発生量が多いグループに入ることがわかる．一方，一人一日あたりの廃棄物量で比較した場合，逆に低いグループに入る．

図7.4にわが国におけるゴミ処理の流れを示す．ゴミの総排出量は4,398万トンであるが，それに対する減量処理率が高い．国土面積が狭いため，また最終処分場の延命のために，最終処分量をな

るべく減らすように努力していることがわかる．

減量処理率

$$= \frac{中間処理量 + 直接資源化量}{ゴミの総処理量}$$

$$= \frac{3,920 + 203}{4,170}$$

$$= 0.989$$

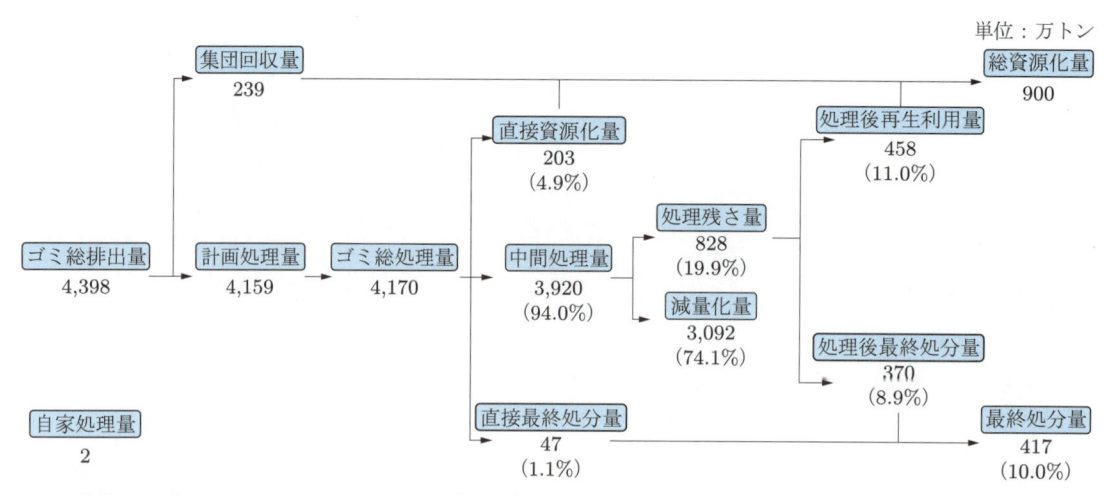

注1：数値は，四捨五入してあるため合計値が一致しない場合がある
　2：（　）内は，ゴミ総処理量に占める割合を示す（2014年度数値についても同様）
　3：計画誤差等により，「計画処理量」と「ゴミの総処理量」（＝中間処理量＋直接最終処分量＋直接資源化量）は一致しない
　4：減量処理率（%）＝[（中間処理量）＋（直接資源化量）]÷（ゴミの総処理量）×100
　5：「直接資源化」とは，資源化を行う施設を経ずに直接再生業者等に搬入されるものであり，1998年度実績調査より新たに設けられた項目．1997年度までは，項目「資源化等の中間処理」内で計上されていたと思われる

●図7.4●　ゴミ処理の流れ[2]

とくに中間処理における減量化の役割が大きい．また，省資源の観点でいえば，資源化できるものは資源化していくような徹底した分別回収が必要になってくる．いずれにせよ，もっとも効果的なことはゴミの量を減らすことであり，後述する各種リサイクルなどはゴミの減量化の次に行うことである．

個人レベルで廃棄物の発生を回避するためには，必要性を考えて環境負荷の低い製品を購入するという姿勢が重要である．また，将来的な解決策としては，モノを購入するのではなく，機能・サービスを購入（レンタル）する社会システムに移行することが効果的だという考え方もある．

企業レベルで廃棄物の発生を回避するためには，廃棄物を出さない事業者になること，および使用後廃棄物にならないか，または回収できる製品を作ることである．このゼロエミッションに取り組む企業は増加しており，事業所内で副産物や廃棄物の徹底的な分別回収を行って，再利用が図られている（7.4.4 項参照）．

 **例題 7.1** ある自治体では，減量化量が 250 トン/月，総資源化量が 50 トン/月，ゴミの総処理量が 600 トン/月であった．減量処理率を計算せよ．

解答
$$減量処理率 = \frac{減量化量 + 総資源化量}{ゴミの総処理量}$$
$$= \frac{250 + 50}{600}$$

7.2 廃棄物の分類と動向

ゴミは，廃棄物処理法によって一般廃棄物と産業廃棄物に大別される．

図 7.5 に廃棄物の区分を示す．廃棄物といっても，その範囲は広く多種多様であり，その処理方法や処理基準も廃棄物によって多岐にわたる．日本で処理方法や処理基準を規定しているのは「廃棄物処理法」である．廃棄物は生活ゴミ，し尿等の一般廃棄物と，建設廃材，廃プラスチック，汚

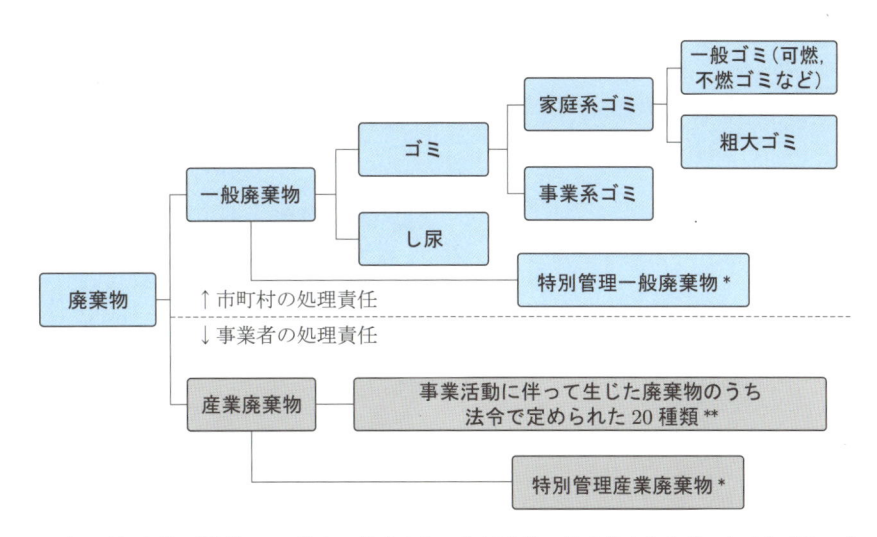

* 揮発性, 毒性, 感染性, その他人の健康または生活環境に係る被害を生ずるおそれがあるもの.
**燃えがら, 汚泥, 廃油, 廃酸, 廃アルカリ, 廃プラスチック類, 紙くず, 木くず, 繊維くず, 動植物性残さ, 動物系固形不要物, ゴムくず, 金属くず, ガラスくず, コンクリートくずおよび陶磁器くず, 鉱さい, がれき類, 動物のふん尿, 動物の死体, ばいじん, 輸入された廃棄物, 上記の産業廃棄物を処分するために処理したもの.

● 図 7.5 ● 廃棄物の区分（廃棄物処理法）

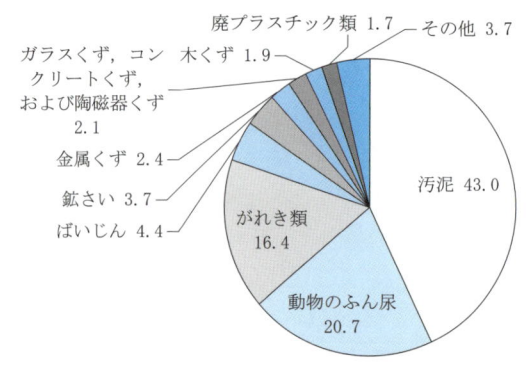

●図7.6●　産業廃棄物の種類別排出量（品目の重量比）〔3〕を基に筆者作成

泥等の産業廃棄物に区分される．一般廃棄物は市町村が処理責任をもち，産業廃棄物は事業者が処理責任をもつことになっている．なお，一般廃棄物は産業廃棄物以外の廃棄物を指すので，オフィスや飲食店から発生する事業系ゴミも含んでいる．

7.2.1　産業廃棄物の動向

　わが国における産業廃棄物の排出量は1970〜1980年代にかけて大幅に増加したが，1990年代になってからおおむね年間4億トン程度に収まっている．品目別排出量を図7.6に示すが，汚泥，家畜のふん尿，建設廃材等が多く，とくに近年ではそれらの排出量の増加が著しい．

　産業廃棄物は，排出した事業者が責任をもって適切に処理する義務があり，処理業者に委託する場合，マニフェストとよばれる廃棄物管理票を処理業者に交付して，適切に最終処分されることを確認することが求められている．

　産業廃棄物の中でもっとも大きな割合を占めているのが汚泥であり，全体の約半分を占めている．中でも下水道事業において発生する汚泥は全廃棄物量の2割を占めており，下水道の普及にともなって年々増加する傾向にある．脱水，焼却等の中間処理による減量化や溶融スラグ等への再生利用により，最終処分量を抑制する必要がある．産業廃棄物の業種別排出量を図7.7に示すが，汚泥を排出する水道業が上位を占めており，続いて動物のふん尿を排出する農林業（畜産業），がれき類を排出する建設業の順となっている．建築廃棄物は図7.8に示すように，性状の定まらない多種多様な廃棄物の混合物であるため，リサイクルが難しいケースもある．とくに，発ガン性などの有害性を示すアスベスト（石綿）を含む建築廃棄物の処理については，特別な措置を講じる必要が出てくる．

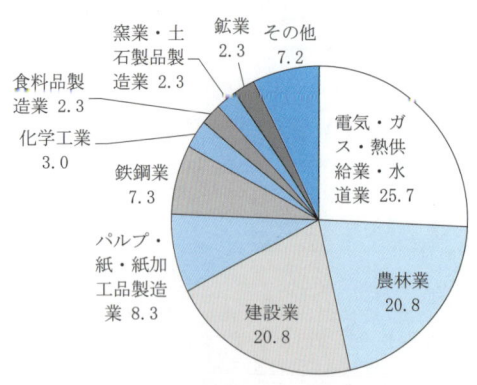

●図7.7●　産業廃棄物の業種別排出量
〔3〕を基に筆者作成

●図7.8●　建築廃棄物の例

7.2.2　一般廃棄物の動向

　産業廃棄物以外の廃棄物，すなわち，家庭ゴミ，し尿，事業所からの紙くず，商店からの廃棄物は

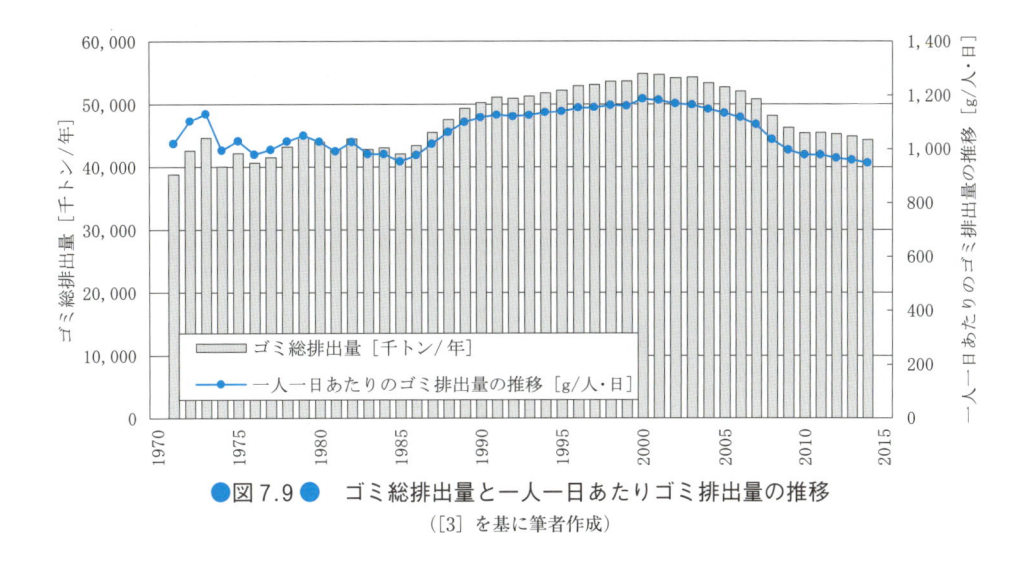

●図 7.9 ● ゴミ総排出量と一人一日あたりゴミ排出量の推移

（[3] を基に筆者作成）

一般廃棄物に指定されている．図 7.9 にゴミ総排出量と一人一日あたりゴミ排出量の推移を示す．一般廃棄物は 1978 年の第二次**オイルショック**以降に減少傾向が見られたものの，バブル経済とともに急激に増加した．1990 年頃までには大幅に増加してきたが，最近ではゴミの再資源化の推進等によって増加のペースが下がり，1989 年度以降毎年約 5,000 万トンの一般廃棄物が排出されている．ここ数年ではほぼ横ばいから減少に転じて

おり，2014 年度では一人一日あたり 947 g のゴミが排出されている．一般廃棄物については，市町村が定める処理計画に沿って処理が行われているが，市町村が行った処理のうち，中間処理（焼却）の割合は 94% で，それ以外の直接資源化・直接最終処分は 6% となっている（図 7.4）．最終処分量は 417 万トンで，減少の傾向が続いている．これは再生利用量が増加し，**リサイクル率**が上昇していることが理由として挙げられる．

7.3 廃棄物の処理

廃棄物は，原則として排出者が自らの責任において適正に処理することになっており，これを排出者責任という[*2]．また，一般廃棄物の処理は自治体の責任となっている．処理を専門業者に委託することも許されているが，その場合は排出者，処理業者の双方が廃棄物の処理の責任をもたなければならない．不法投棄や有害廃棄物の越境移動[*3] 等の問題があり，7.2.1 項で述べたマニフェストによって廃棄物の内容，数量，発生元，中間処理，経路，最終処分地等の情報を把握すること

が義務づけられている．廃棄物の減量，適正処理の推進のため，国は基本方針を定める役割を担う．

廃棄物の処理状況の推移を図 7.10 に示す．廃棄物の最終処分量は年間約 4,200 万トンとなっている．ここ数年は横ばいの傾向を示している．

7.3.1 焼却処理

焼却処理は，**廃棄物の減量**という点では非常に効果的な中間処理である．一方，焼却処理によってダイオキシン類やその他の大気汚染物質の排出

---

*2 拡大生産者責任といい，生産者が，その生産した製品が使用され，廃棄された後においても，当該製品の適切なリユース・リサイクルや処分に一定の責任を負うという考え方もある．廃棄されにくい，またはリユース・リサイクルがされやすい製品を開発するように，生産者に対してインセンティブを与えることが考えられている．
*3 有害廃棄物の越境移動に起因する環境汚染などの問題に対処するため，有害廃棄物の国境を越える移動が国際的に制限されている（バーゼル条約）．

●図7.10●　廃棄物の処理状況の推移

（[4] を基に筆者作成）

などがあるうえ，廃棄物中に微量に含まれる重金属等の環境汚染物質が焼却灰として濃縮されることになり，環境汚染の原因になりやすい．わが国では中間処理として焼却処理が行われており，他の先進諸外国と比較して比率が著しく高い．しかし，国土面積の広い国では，廃棄物の減容化の必要性が乏しいため，以上の欠点を考慮して，焼却処理比率は低くなる．

　環境汚染の原因になりやすい焼却灰は，次項で説明する管理型の最終処分場に搬入されることになっている．また，焼却灰の減容化，重金属等の溶出の防止，路盤材等への再利用等を目的として，焼却灰を溶融し，溶融スラグとしてゴミ焼却工場から排出することも多く試みられている．

7.3.2　埋立処理と最終処分場

　ゴミの埋立処分は，「貝塚」に見られるように太古の時代から行われてきて，いまも続いている．埋め立ての機能は，不衛生な廃棄物を埋設することによって封じ込めることである．現在ではゴミの有害性によって埋められる処分場の種類が異なる．PCB 等きわめて有害な化学物質を含むゴミは遮蔽型処分場に，建設廃材や廃プラスチック等危険な化学物質をあまり含まず，かつ安定したゴミは安定型処分場（図序.9）に，その他のゴミは管理型処分場（図7.11）にそれぞれ最終処分される．

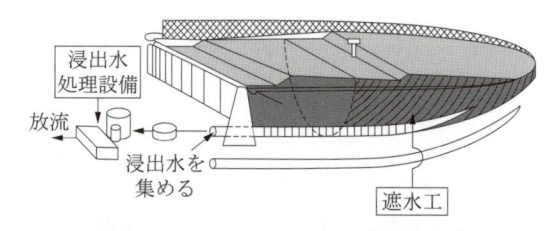

●図7.11●　一般的な管理型処分場

　管理型処分場では，ビニル製遮水シートで処分場底面を覆い，ゴミから出てくる有害な化学物質を含む水は1箇所に集められ，水処理を行った後に河川等に放流されている．一方，埋められた廃棄物が完全に安定化するのには約 200 年かかるともいわれる[*4]．その結果，ビニル製遮水シートの耐用年数の 40〜50 年を超えてしまい，その破損箇所から漏水し土壌や地下水を汚染するという問題がある．現在，このような原因から，日本の各地で廃棄物最終処分場周辺の井戸水や河川水の汚染事故が発生している．中に含まれる化学物質としては，ダイオキシンやヒ素 As 等，ヒトや生態系への影響が無視できない有害物質がある．当該井戸水を飲料水として利用していた地域では深刻な問題である．

　埋立層内の有機物は，図7.12の式 (7.1)〜(7.4) のような化学反応を経て安定化していくと考えられている．

　最終処分場は，以上のような反応が起きると考

★4　廃棄物の安定化とは，これ以上化学反応が進まなく，有害物が溶出しない状態に至ることである．

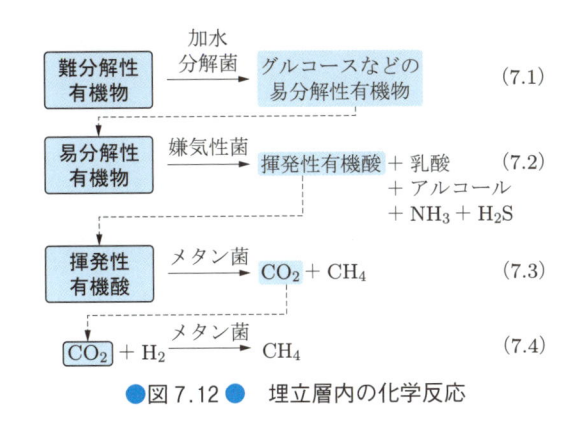

$$\text{難分解性有機物} \xrightarrow[\text{分解菌}]{\text{加水}} \text{グルコースなどの易分解性有機物} \quad (7.1)$$

$$\text{易分解性有機物} \xrightarrow{\text{嫌気性菌}} \text{揮発性有機酸} + \text{乳酸} + \text{アルコール} + NH_3 + H_2S \quad (7.2)$$

$$\text{揮発性有機酸} \xrightarrow{\text{メタン菌}} CO_2 + CH_4 \quad (7.3)$$

$$\boxed{CO_2} + H_2 \xrightarrow{\text{メタン菌}} CH_4 \quad (7.4)$$

●図 7.12 ● 埋立層内の化学反応

えて構造が設計され，処分場層内の制御がなされている．最終処分場の構造は，埋立技術の発展にともなって変化しており，単純に積み上げる原始的な嫌気性埋立から，通気，配水管を設ける準好気性埋立へと発展している．準好気性埋立では，悪臭発生の抑制や好気性微生物による廃棄物の分解の促進が期待でき，浸出水の処理負荷を低減することが可能になる．しかし，準好気性においても，埋立層内では時として嫌気性の発酵により温度が上昇し，廃棄物が自然発火することがあるため，廃棄物の化学的性質，埋立層内の温度，水分，通気の管理が必要となる．十分に安定化した後は処分場を廃止し，上部にグラウンド，体育館，緑地・農地などを設けることが多い．

全国各地に処分場が建設されているが，廃棄物の増加とともに用地不足が大きな問題になってきている．地質や地下水など地形の制約のほかに，廃棄物処理施設は **NIMBY**（Not In My Back Yard，「自宅の裏庭にはほしくない」という意味）といわれる迷惑施設の一つであることから，新規設置について近隣住民の理解が得られにくい．そのうえ，不法投棄や，管理不十分な処分場がある等の理由により，各地で廃棄物処分場の設置撤回を求めた訴訟が起きており，用地不足に拍車をかけている．また，1997 年の廃棄物処理法改正後には，最終処分場の新規許可件数は激減し，最終処分場の残余年数の減少に大きく影響している．図 7.13 に一般廃棄物最終処分場の残余容量の推移を示す．廃棄物総量の減少によって徐々に改善されており，2015 年で一般廃棄物の最終処分場残余年数は 20.4 年分である．しかし，首都圏では最終処分場の確保が十分にできず，域外に廃棄物が移動し，最終処分が広域化している現状がある．最終処分場は社会として必要不可欠であり，ゴミの減量化，再資源化が重要な対策となっている．

2011 年 3 月に起きた **東日本大震災** は，東北の広い地域に甚大な被害を及ぼした．とくに岩手県，宮城県，福島県の太平洋側沿岸では，大津波により大量の震災がれきが発生し，その量は当該 3 県から排出される廃棄物の 1 年間の発生量の 10 倍

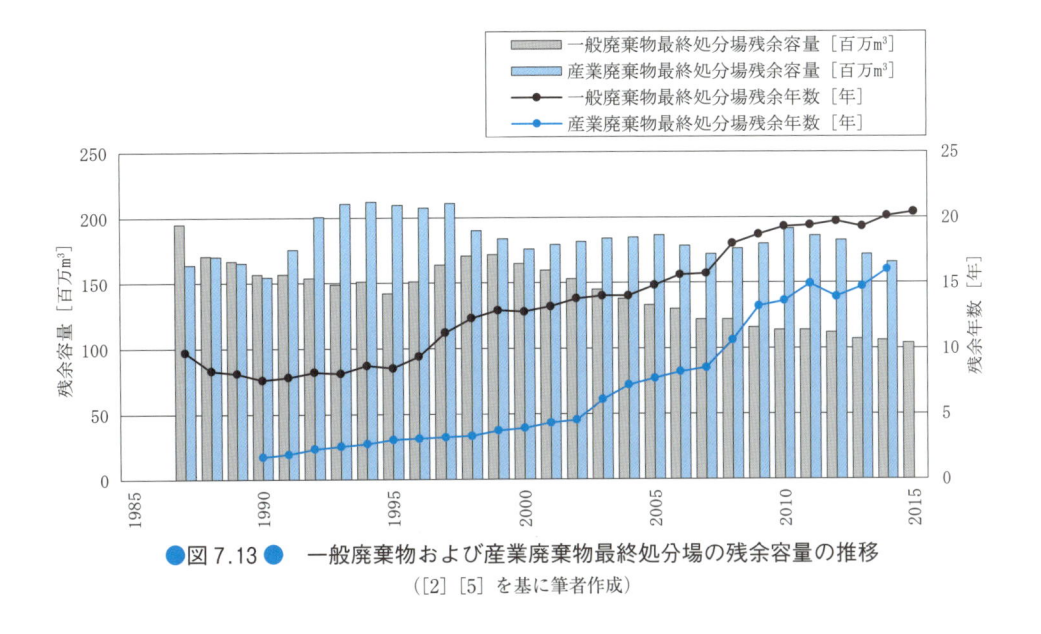

●図 7.13 ● 一般廃棄物および産業廃棄物最終処分場の残余容量の推移
（[2] [5] を基に筆者作成）

を超えた．この問題をきっかけとして，災害廃棄物対策が求められ，事前の計画策定や広域処理体制構築などが進められている．

7.3.3　浸出水の問題

埋立処分場に降雨があると雨水が埋立廃棄物層内を通過して，含有する有害な化学物質が溶出する．この浸出水が場外に漏れた場合は，地下水の汚染等の環境汚染が発生する．これを未然に防止するため，安定型処分場，遮蔽型処分場では浸出水を速やかに排除・処理する施設が整えられている．ところが処分場の安定化が遅れた場合，浸出水の処理を終了できず，何十年も継続しなければならないことがある．

7.3.4　不法投棄の問題

産業廃棄物の不法投棄は，かつてのラブキャナル事件（4.4 節参照）や豊島事件[*5]などたびたび社会を騒がせてきた．しかし，社会的に注目される一方で，抜本的な解決はみられず，各自治体に一般廃棄物の不法投棄の処理のための人手や費用が重くのしかかっている．また，産業廃棄物の不法投棄は一過的に起きる場合が多いが，一般廃棄物の不法投棄は慢性的に発生し，自治体を悩ませ続けている．不法投棄者が不明であったり，特定できても費用負担能力がなかったりする場合，自治体の負担（税金）で処理せざるをえない．このため，原状回復，予防策を含め，大きな出費となっている．図 7.14 に，産業廃棄物の不法投棄件数ならびに不法投棄量の推移を示す．前述した廃棄物のマニフェスト制度の導入によって，廃棄物

が適切に最終処分されるまでの間，排出事業者に対しても責任が問われるようになり，近年では不法投棄は右肩下がりに減少してきている．

一方，一般廃棄物の不法投棄は，事業者によるケースもあるが，一般市民によることが少なくない．不法投棄されるものとしては，ポイ捨ての類を別とすると，適正処理困難物[*6]や粗大ゴミ類の不法投棄が目立ち，これらは自治体による行政サービスと密接な関係にある．たとえば，粗大ゴミ等の受け入れ体制が柔軟で，市民が持ち込みをしやすい場合は，大型廃棄物の不法投棄は減少する傾向にある．これは，業務時間の拡大にともなうコスト増も考えられるので一概に判断できないが，少なくとも不法投棄の予防に一定の効果を発揮する可能性が高い．ゴミ回収の有料化とも関連してくるので，性急な結論は出せないが一考してみる余地はある．

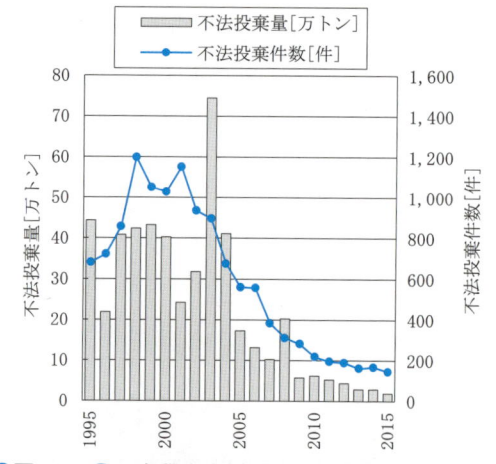

●図 7.14 ●　産業廃棄物の不法投棄件数ならびに不法投棄量（[2] を基に筆者作成）

7.4　循環型社会に向けて

現在の大量生産，大量消費，大量廃棄型の社会経済活動から生じる大気，水，土壌等への環境負荷は，自然の自浄能力を超えて増大している．自

然の物質循環を阻害することのないように，社会経済システムにおいても，適正な資源投入，製造，流通，販売，消費，廃棄，再生製造といった物質

[*5]　豊島事件とは 1990 年，シュレッダーダストや廃油，汚泥等の産業廃棄物を有価物と称して処分地に大量に持ち込み，野焼きや埋立を繰り返し，約 47 万 m^3 の産業廃棄物を不法投棄した事件．
[*6]　タイヤ，スプリング入りマットレス，薬品など．

循環（リサイクル）のシステムを形成することが求められている.

廃棄物・リサイクル対策は，第一に廃棄物等の発生抑制（reduce），第二に使用済み製品，部品等の適正な再使用（reuse），第三に回収されたものを原材料として適正に再生利用（recycle）する直接再利用法（マテリアルリサイクル），変換型再資源化法（ケミカルリサイクル），およびエネルギー変換型利用法（サーマルリサイクル）がある[*7]. reduce, reuse は recycle よりも優先順位が高い. つまり，まず廃棄物を減らすことを考え，次に再利用を考え，それでも難しければリサイクルするのである. 循環型社会形成推進基本法にもその方針が示されている. 3R を通じて，地球規模での循環型社会の構築を目指すことを 3R イニシアティブといい，国際的に 3R の取り組みが推進されている.

7.4.1 リサイクルの現状

日本では，家電リサイクル法，食品リサイクル法，建設リサイクル法，自動車リサイクル法，容器包装リサイクル法の各種リサイクル法が制定されている. このうち家電リサイクル法は，市民生活レベルのリサイクルが主体となる. 家電では，

エアコン，テレビ，冷蔵庫，洗濯機の 4 品目が，リサイクルの対象として再商品化を義務づけられている.

産業界におけるリサイクルとして，食品廃棄物のリサイクル率は食品製造業では 93% と高くなっているが，食品卸売業では 58%，食品小売業で 36%，外食産業で 16% と，川下に行くほどリサイクル率は低下する.

しかし，わが国では，食糧自給率がカロリーベースで 40% にとどまっているにもかかわらず，食品廃棄物の排出量は 2012 年で年間 1,700 万トンにも達しており，このうち食べられるのに廃棄される食品は年間 800 万トンにものぼる. これは，わが国における米の年間収穫高約 800 万トンに匹敵する量であり，食品廃棄物の発生抑制が急がれる. 食品産業，とりわけ中食産業や外食産業における消費期限切れ食品の廃棄などの商慣習の影響が大であり，消費者も交えて返品などの商慣習を見直していく必要がある.

建設廃棄物の再資源化については，2012 年度実績で 96% となっている. 自動車リサイクル法では，車検時に当該自動車のリサイクルに要する費用の一部を使用者があらかじめ負担するという仕組みを作ることでリサイクル率の向上が図られ，

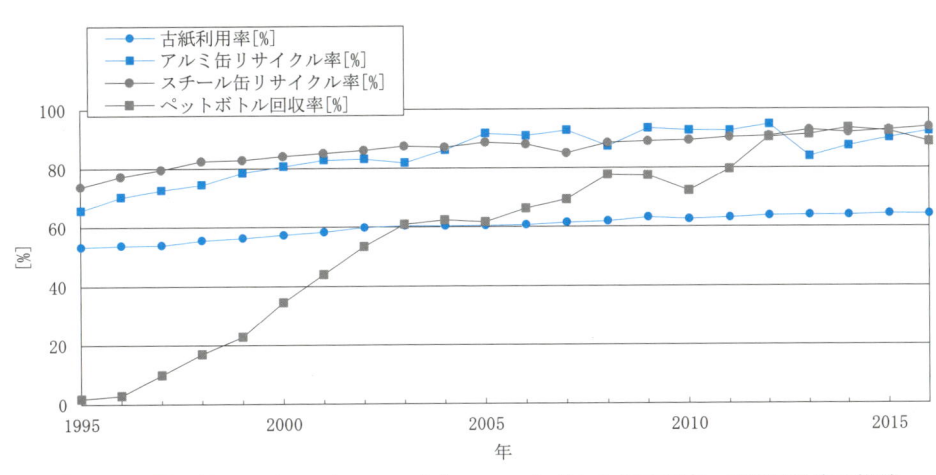

●図 7.15 ● 紙，スチール缶，アルミ缶，ペットボトルの回収率，再資源化率の推移

（[6]〜[10] を基に筆者作成）

[*7] サーマルリサイクルは，サーマルリカバリーともいう. 循環型社会基本法では，原則としてリユース，マテリアルリサイクルが優先される.

2015年度の自動車破砕残さ再資源化率は96.5〜98.8%という高いリサイクル率を示している.

また,容器包装リサイクル法の対象物のうち,飲料水の缶などのリサイクルの現状に関して,図7.15に1995年からの古紙,スチール缶,アルミ缶,ペットボトルの回収率,再資源化率の推移を示す.以下では順を追って,それぞれのリサイクルの現状を見ていく.

(a) 紙のリサイクル

紙の利用率と回収率は,いずれもバージンパルプ*8の価格に大きな影響を受ける.ここ数年では65%で推移している.紙の中には,トイレットペーパーのように使用後の回収が不可能なものや,書籍のように長期間にわたって保存されるもの等があり,100%に到達することはない.

加えて,再生紙利用を推奨し,熱帯雨林の破壊を批判する意見から,100%再生紙を使うのが良いという考えがある.しかし,古紙は色相や品質も多種多様であり(図7.16),紙ゴミから一定の品質の製紙として再生させるには,漂白剤を大量に使用したり,逆に染料を加えて色相をそろえたりする必要があるため,環境に大きな負荷を与える.とくに,漂白剤は塩素を含むものが多いため,排水中の有機塩素化合物の濃度を大幅に高めてしまうことがある.よって,必要最低限の漂白で済む30〜40%再生紙がもっとも環境にやさしいと

いうことになる.あるいは再生紙の使用者が,あまり色相や品質にこだわりをもたなければよいということになる.消費者の商品選択の目安として再生紙使用マークが定められ,再生紙の使用率が示されている(図1.17).

(b) 缶・ビンのリサイクル

スチール缶,アルミ缶の再資源化率は年を追うごとに向上している.これらの再資源化率は一般廃棄物の中でも特段に高く,いずれもここ数年では約90%になっており,かなり高い水準で推移している.とくにアルミ缶は,スチール缶よりも軽量であるため,清涼飲料水の容器として近年その需要が急速に伸びてきているが,それにもかかわらず再資源化率は高い水準を維持している.リサイクルのときに分別を容易にするためのリサイクルマークを図7.17に示す.

スチールやアルミは原料の価格が高く,需要も高いため,再資源化率も高い水準となっている.とくに,アルミニウム地金生産に必要なエネルギーは,新地金の約21,100 kWh/トンと比較して,再生地金が590 kWh/トンとかなり低いため,リサイクルは省エネルギーに大きく貢献することになる.スチール缶回収率について,日本はドイツに次いで高い水準となっている.

そのほかの飲料等の容器としてガラスビンがある.回収,洗浄してそのまま利用するビンをリターナブルビンといい,その回収率は,代表的なビールビンで98%に達した時期があったが,重量が重く輸送等のコスト削減のために近年では使用されなくなってきており,全数が減少してきている.リターナブルビン以外のビンはそのままの形

●図7.16●　多様な紙ゴミ

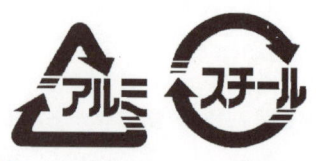

●図7.17●　アルミやスチールのリサイクルマーク

*8　バージンパルプとは,伐採した木材から作られるパルプのこと.対義語は再生紙パルプである.

では利用されず，いったんカレット（ガラスの粉砕物）にして利用される．わが国での再利用率は2016年で75.4%である．

（c）プラスチックのリサイクル

ペットボトルの回収率は，PET（polyethylene terephthalate）の再資源化技術が開発された1995年より急激に増加している．主に，ペットボトル再生繊維として衣類，たとえばフリースの原料として用いられている．図7.18にペットボトル廃棄物を示すが，ペットボトルのリサイクルでは，蓋と本体と本体に貼られたフィルムとを区別してリサイクルしなければならない．

一般に，プラスチックは元の製品に戻して使用することは困難であるため，燃料にすることが多い．燃焼エネルギーを利用することによって，発電や給湯に供し，また溶鉱炉還元用のコークスの代わりに使用する．最近，焼却炉が大型化しているので，廃プラスチックも燃焼させないと燃焼温度が下がり，ダイオキシン類が発生しやすくなる例や発電できなくなる例（7.4.3項参照）も散見される．

プラスチックは環境中に不法投棄された場合，分解されず，いつまでも残り続けるため，適切な回収とリサイクルが必要である[*9]．

●図7.18● ペットボトル廃棄物

（d）資源の循環利用率

以上のリサイクル対策の主要な目標となる指標として，循環利用率（＝循環利用量／（循環利用量＋天然資源等投入量））というものがある．これは，投入される全体量のうち循環利用量の占める割合を表す指標である．2014年度の日本における循環利用率は約15.8%となっている．これと類似して，循環型社会の指標としてよく用いられているものとして，資源生産性（＝GDP／天然資源等投入量）がある．これは，一定量の天然資源投入量から生み出される国内総生産であり，産業や人々の生活がいかに物を有効に使っているかを総合的に表す指標である．日本の2014年度における資源生産性は37.8万円/トンである．資源生産性も循環利用率も2000年から7〜8割向上しており，循環型社会形成への努力が反映されている数字であるといえる[*10]．

7.4.2　レアメタルのリサイクル

原料の価格が高い金属はリサイクルが経済的に有利になり，家電や携帯電話などには白金やパラジウムといったレアメタルが多く含まれていることから，それらのリサイクルが重要な課題となっている[*11]．レアメタルなどの非鉄金属資源は，埋蔵国，産出国が特定の国に偏っているために資源安全保障の懸念があるが，家電などが新たな国内資源になりうると期待されている．

7.4.3　ゴミ発電，ゴミ固形燃料

近年の廃棄物最終処分場の容量不足，およびダイオキシン類問題等を背景とした焼却灰の溶融の必要性が高まる中で，廃棄物の焼却処理と灰の溶融を一体的に行う「ガス化溶融炉」が注目を浴びている．わが国ではすでに20社近くのメーカーで技術開発および実用化の検討が進められている．

[*9]　土壌中に生息する特定の微生物の代謝によって分解される生分解性プラスチックというものもある．環境中に投棄されても自然に還るという意味で優れた材料であるため，分解性や強度などの観点で研究が進められている．

[*10]　資源生産性，循環利用率に最終処分量を加えて，これら三つの指標で物質フローの入口，循環，出口が示され，循環型社会達成度を測る目安になっている．わが国では，2020年度で資源生産性46万円/トン，循環利用率17%，最終処分量を1,700万トンという目標を設定している．

[*11]　都市で大量に廃棄された携帯電話などの工業製品は，レアメタルなどの有用な資源が豊富に含まれているため，都市鉱山に例えられる．

この技術は，廃棄物がもつ熱エネルギーで，廃棄物のガス化・溶融燃焼が達成できるため，より一層の高効率化に向けたシステムの構築が可能となる．また，灰の溶融とともに高温燃焼をすることによって，ダイオキシン類の発生を低レベルに抑えられるといった特性ももっている．さらに，廃棄物を溶融することで灰の減容化が図られ，廃棄物最終処分場の容量不足の問題にも対処できるとともに，路盤材などに有効利用可能なスラグを生成することが可能である．しかし，廃棄物中の水分量が多い場合，蒸発潜熱によって失われる熱エネルギーを加味すると，廃棄物を熱源としてエネルギー回収する技術は必ずしもうまくいかない場合もある．

ゴミを固形燃料化して発電に利用するシステムは，小型な焼却施設では実現できない熱回収を可能にし，環境保全とエネルギー資源確保を同時に実現できる技術として考えられている．しかし，2003 年に三重県にあるゴミ固形燃料発電所の貯蔵庫が爆発する事故が発生し，導入機運がしぼんでいる．事故の再発防止に万全を期し，循環型社会における廃棄物処理の優先順位をふまえ，ゴミ固形燃料を利用していくことが求められる．

図 7.19 は，近年の一般廃棄物処理施設における総発電量と発電効率の推移である．ゴミ発電の総発電電力量は近年頭打ちになっているが，これ

は廃棄物の発生量自体が次第に減っていることが原因として挙げられる．また，プラスチックが分別回収で除かれることで，廃棄物の熱量が確保できず，巨額の投資によって導入したゴミ発電施設がうまく運転できない事例が散見される．発電効率自体はこの 10 年で 1〜2% 上昇し，2015 年では 12.6% となっているが，施設によって差が大きい．ゴミ発電を行っている割合は施設数ベースで 29% であるが，ゴミ処理能力ベースでは約 60% となっている．これは大規模な施設ほど，ゴミ発電を行っている割合が高いためである．現状では，発電とそのほかの余熱利用を合わせても，燃焼によって発生する熱量の 4 分の 3 は利用されずに大気中に捨てられている．発電後の低温の温水を地域の冷暖房システムに有効利用する事例もあり，熱供給と熱利用を連携させた施設整備を行うことで，こうした試みが拡大されることが望ましい．

7.4.4　ゼロエミッション

ゼロエミッションとは，「ある産業での廃棄物を他の産業の原料として利用することによって，廃棄物の排出を削減する」ことである．ある産業の廃棄物・副産物を連鎖的に順次利用することによって，新たな産業を創成できる可能性もあり，雇用の創出や所得水準の向上にも寄与できると期待されている．たとえば，製鉄業で発生する製鉄スラグからコンクリート材料に再生する，食品業から排出される醤油粕から畜産飼料に再生するなどのゼロエミッションがある．また，2.4.1 項の凝集・沈殿で述べた園芸用土や，3.5.1 項の脱硫工程で述べた石こうや硫酸アンモニウム肥料も，副産物の有効利用の例である．このような産業界での取り組みのほか，産業活動を包括する都市や地域で環境への排出負荷を低減する，地域ゼロエミッションという考え方もある．

ゼロエミッションとは，単なる「ゴミゼロ」や「排出ゼロ」ではなく，その発生源すなわち生産プロセスやライフスタイルにまでさかのぼり，資源やエネルギーの有効活用と環境負荷低減をあわせて実現できる生産プロセスである．総合的に環

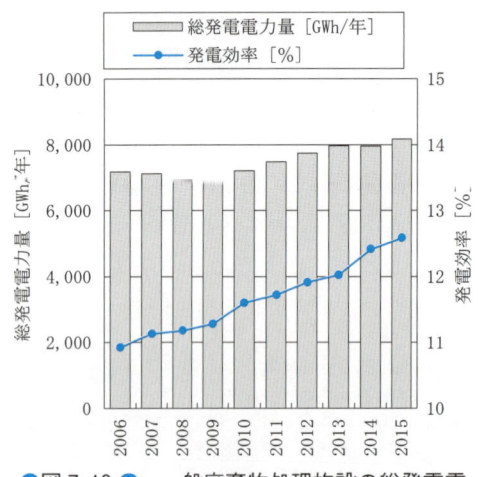

●図 7.19 ●　一般廃棄物処理施設の総発電電力量と発電効率の推移（[4] を基に筆者作成）

境負荷を低減すること，インプットである資源やエネルギーの消費を削減するとともに，環境への排出削減をあわせて実現することが，持続可能な未来社会の実現に不可欠である．

演・習・問・題・7

7.1

廃棄物問題と土壌汚染問題の関係について考察せよ．

7.2

近年のわが国の廃棄物排出量の動向について述べよ．

7.3

廃棄物の焼却処理の利点と欠点を述べよ．

7.4

廃棄物最終処分による環境汚染について考察せよ．

7.5

ダイオキシンの発生メカニズムと発生抑制技術について述べよ．

7.6

不法投棄を減らすための効果的な政策について述べよ．

7.7

リサイクル率の動向とその変動要因について述べよ．

7.8

わが国の 2014 年度の天然資源等投入量は 1,388 百万トンであった．また，循環利用量は 261 百万トンであった．循環利用率を計算せよ．

7.9

わが国の 2015 年度の一般廃棄物の総排出量は 4,398 万トンであった．このうち，総資源化量が 900 万トン，減量化量が 3,092 万トンであった．残りの最終処分量の，ゴミ総排出量に占める割合を求めよ．

第8章

生態系

生態系は生物と環境の相互作用からなり，われわれヒトも含め，さまざまな生物がお互いに関係をもちつつ，生存している（図8.1）．また，長い時間で見ると，生物の進化は環境の変化に起因するところが大きい．とくに，第4章でふれたように生態系は土壌を基盤としており，森林や砂漠の状況を考えると理解しやすいだろう．本章では，生態系のなりたちと，生物多様性の価値について説明し，森林・砂漠の例を交えながら，これを守るための取り組みについて説明する．

KEY WORD

地球時間	生物多様性	生物濃縮	生態学	砂漠化
進化	生態系サービス			

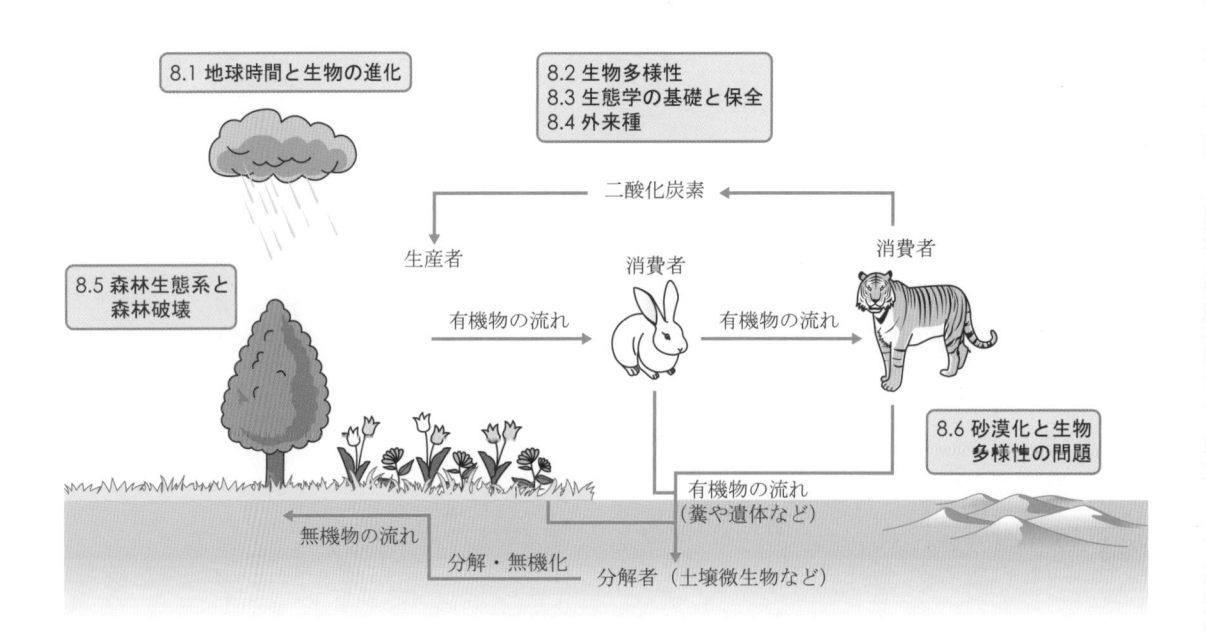

●図8.1● 生態系の概念と本章の構成

8.1 地球時間と生物の進化

宇宙が生まれて地球ができ，今の地球に至るまでの出来事を時系列に並べて整理すると，表8.1のようにまとめられる.

地球が誕生してから今までを1年に例えると，陸上に生物が進出したのが11月下旬，12月26日に大隕石で恐竜が絶滅，産業革命はたったの2秒前というような時間スケールで例えられる. この間，地球は寒冷化と温暖化を繰り返してきてい

る. 水という液体は比熱が大きく，融点と沸点が高いため，恒常性を維持するうえで重要である. 地球上が水で覆われることで，温度変化が緩和されたことや，磁場やオゾン層の形成によって有害な電磁波が地表に届かなくなったことも，生物の出現と進化に重要な役割を果たした.

生物の進化の長い歴史をふりかえる. 38億年前の地球では，海水中のアミノ酸が化学変化を起

■表8.1■　地球時間と生物の繁栄・絶滅の歴史

地球時間	1年に例えた日付	出来事
137億年前		ビックバンが起き宇宙が始まる
46億年前	1月1日0時	地球が生まれる
44億年前		地殻が形成され，平均温度が低下する
43億年前	1月24日	水蒸気が水になり，海ができる，雲がなくなり光が射す
40億年前	2月17日	落雷などが原因で海中でタンパク質や核酸ができる
38億年前		生物が誕生する
27億年前	5月31日	磁場が形成され，磁気圏が作られ，太陽からの有害な粒子やプラズマが遮られる 光合成細菌が発生し，酸素が放出される 絶対嫌気性生物から通性嫌気性生物へ，生物の性質の主流が移る
24億年前		スノーボールアース*になる
22億年前		真核生物が出現（ミトコンドリアと共生し酸素利用）
21億年前		大気中の酸素濃度が高くなる 好気性生物が支配的になる
12億年前		多細胞生物出現
6億年前	11月14日	オゾン層形成，有害紫外線吸収 スノーボールアース（2回目）になる 第一の大絶滅
5億4千万年前		カンブリア大爆発，魚類が出現
5億年前	11月21日	陸上に生物が進出，魚類繁栄，昆虫出現，シダ植物，両生類
3億6千万年前		第二の大絶滅，爬虫類出現，昆虫繁栄
2億5千万年前		全海洋で酸素が欠乏し，第三の大絶滅（地球史上最大）
2億年前		パンゲア大陸分裂し，第四の大絶滅，鳥類出現，恐竜繁栄
7千万年前	12月26日	巨大隕石落下による第五の大絶滅，恐竜絶滅，哺乳類繁栄
10万年前	12月31日23時48分	人類誕生
1万年前		農耕が始まる，人口増加
250年前	12月31日23時59分58秒	産業革命，人口爆発，大量のエネルギー消費
現在		第六の大絶滅？
10億年後		太陽の温度上昇，地球上の水が蒸発雲散，地球が金星化，生命滅亡

＊　地球全部が凍結したとする仮説.

こし，原始バクテリアが誕生した．27億年前には原始バクテリアのうちのシアノバクテリア（ラン藻）が光合成を開始し，大量の二酸化炭素が消費され，大気中の酸素濃度が上昇し始めた．それまで生息していた多くのバクテリア（嫌気性生物）にとって酸素は有害であり，それにとって代わる酸素呼吸を行うバクテリア（好気性生物）が増えていった．他方，大気中の酸素の一部は太陽からの紫外線によってオゾンになり，6億年前にはオゾン層が成層圏に形成された．生物にとって有害な紫外線が遮断されるようになると，それまで海水中にしか生息できなかった生物が陸上へと進出していくことになった．

以上のように，生物は環境の変化とともにその環境に適応できるように進化を続けてきた．しかし，さまざまな原因により，これまでに5回，地球上で大きな生物の大絶滅が起きた．現在の人間活動の影響によって，第六の大絶滅が引き起こされつつあることを次節で述べる．

8.2 生物多様性

さまざまな環境に適応したたくさんの生き物が生息している様子を，生物多様性という．人間は，多様な生き物を食糧や医薬品の原料として利用して生きている．環境の破壊によって，この生物多様性が失われつつあることが，大きな問題になっている．生物の種の絶滅速度は加速度的に大きくなってきており，とくに生物多様性に富む熱帯雨林の伐採の影響が大きいとされている．

8.2.1　生物多様性の減少状況

最近100年間の生物の絶滅は，過去の絶滅速度の1,000倍を超えるといわれていて，世界で25,821種類の生物が絶滅危惧種といわれている（IUCN，2017年）．とくに熱帯林は多様な生態系をもって

いるため，その開発が生物多様性に及ぼす影響は大きい．そのほかの生物種減少の原因としては，外来種の侵入，生育環境の変化，気候変動が挙げられる．これらのうち，外来種の侵入は日本の在来種に対しても大きな影響を与えている．天敵のいない環境で外来種が爆発的に増殖するため，それまでの食物連鎖のバランスが大きく損なわれることになる．2005年には外来生物法が施行され，105種類の動植物が特定外来種として指定され，捕獲や飼育の規制などの対策がとられている．

また，地球の温暖化は，生物の生息域を高緯度地域に移動させ，とくに寒冷地域の生態系に大きな影響を与えるとされている．生物の進化による適応では追いつかない速度で温暖化が進行してい

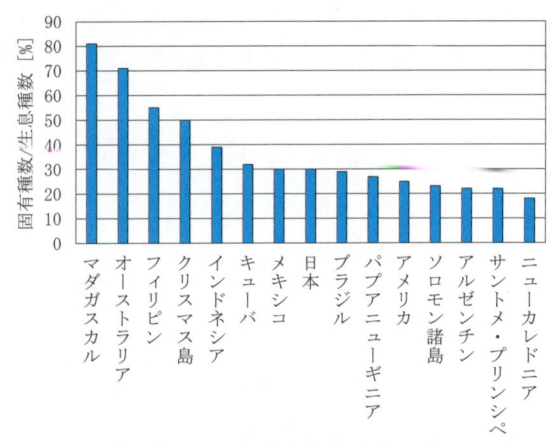

●図8.2● 哺乳類の国別の生息種数に占める固有種数の割合
[1] を基に筆者作成

る現在，地球温暖化も生物多様性を損なう大きな原因となっている[*1]．

図8.2に，世界の哺乳類の国別での生息種数に占める固有種数の割合をまとめた．たとえば，マダガスカルにおける哺乳類は固有種の割合が81％と高く，種が多様であることを示している[*2]．哺乳類では日本は8番目にあたり，世界でも固有な哺乳類が多く生息する国であることがわかる．日本では，2017年の時点で3,690種類を超す生物が，絶滅の恐れのある種としてレッドデータブックに掲載されている．

8.2.2　生態系サービスと政策面の取り組み

生態系と生物多様性の経済学（TEEB；the economics of ecosystems and biodiversity）では，生物多様性に支えられる自然の恵みである「生態系サービス」を，供給サービス，調整サービス，生息・生育地サービス，文化的サービスの四つに分類している（表8.2）．このまま生物多様性の損失が続けば，生態系サービスに甚大な変化が生じ，人間の生活に重大な影響を与える可能性があると指摘されている．われわれは生態系サービスを利用する場合，多くは無料で利用できると考えており，使用料などの対価が支払われることがないが，生態系サービスの価値を適切に認識し，その機能を維持するために十分なコストをかける仕組みを構築していく必要がある．たとえば，遺伝資源の利用は経済価値で35兆ドルにものぼる生態系サービスであり，世界のGDPが60兆ドルであることを考えるときわめて大きい[3]．

1992年の地球サミットでは，生物多様性条約が締結され，生物多様性の包括的な保全とその持続的な利用，遺伝資源の利用と利益の配分が目的とされた．生態系や生物多様性の損失による経済的損失は，2050年までに世界のGDPの7％にも達するという試算もある．生物多様性の保全の促進が急務となり，2010年の生物多様性条約第10回締結国会議（COP10）における名古屋議定書では，途上国と先進国の生物多様性がもたらす経済価値に関する対立関係が解消されるようになり，大きな成果が得られた．「愛知ターゲット」として，2020年までに生物多様性の損失を止めるために効果的かつ緊急の対策を実施することや，2050年までに生物多様性が評価され，保全され，回復され，利用されることが目標として掲げられた．2012年のCOP11では，生物多様性に関する活動を支援するための国際的な資金フローを2015年までに倍増するという目標値が合意された．

●表8.2●　生態系サービスの分類[2]

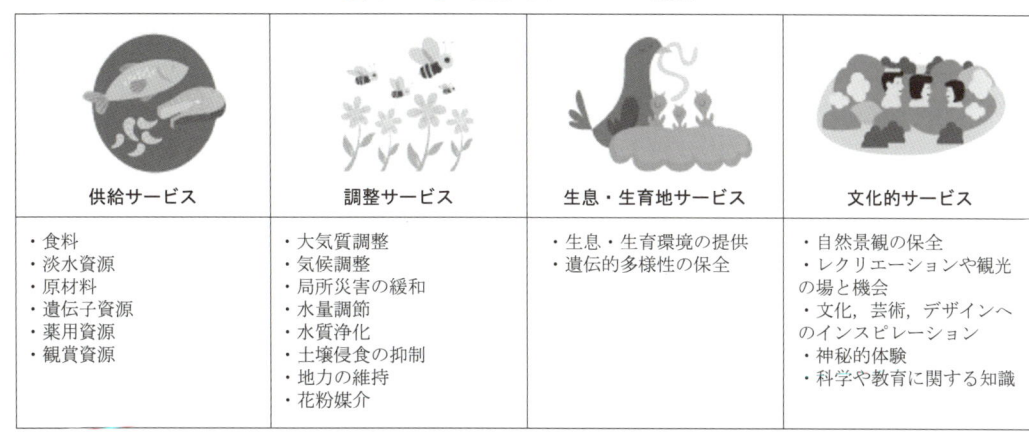

供給サービス	調整サービス	生息・生育地サービス	文化的サービス
・食料 ・淡水資源 ・原材料 ・遺伝子資源 ・薬用資源 ・観賞資源	・大気質調整 ・気候調整 ・局所災害の緩和 ・水量調節 ・水質浄化 ・土壌侵食の抑制 ・地力の維持 ・花粉媒介	・生息・生育環境の提供 ・遺伝的多様性の保全	・自然景観の保全 ・レクリエーションや観光の場と機会 ・文化，芸術，デザインへのインスピレーション ・神秘的体験 ・科学や教育に関する知識

★1　とくに，湿地の減少が生物多様性に大きな影響を与える可能性があり，ラムサール条約で国際的に重要な湿地が登録されている．日本では全国で46箇所の湿地が登録されている．
★2　このような理由から，マダガスカルは世界自然遺産として指定されている．世界遺産条約に基づき日本でも屋久島，白神山地，知床および小笠原諸島の4箇所が登録されているが，いずれも生物多様性に富んだ地域である．

日本でも1995年に生物多様性国家戦略を策定し，開発と乱獲の抑制，里地里山の保全，外来種や化学物質の影響の抑制などの対策が計画されている．2020年を処目として生物多様性が悪化することを食い止め，100年先を見据えて生物多様性を回復させていくことを目標として，里地里山*3や水田が生物多様性の維持に果たしている

役割を見直していくことを提言している．その中で，次の三つのレベルについて議論がなされている．

- 生態系の多様性；森林，里地里山，湿原など
- 種の多様性
- 遺伝子の多様性；同じ種でも遺伝子が異なる

8.3 生態学の基礎と保全

ダーウィン主義の生物学者であるエルンスト・ヘッケルは，地球は大気圏，水圏，岩石圏，生物圏の四つに分けられると提唱した．その一つである生物圏を構成するのが生態系である．各個体，群れ，個体群，生物群集，生態系という順に，階層的になっている．そこに，生息地域の降雨，気温や地学的要素などの非生物的要素の影響があわさって，生態系という概念をなしている．

生態系の構成要素としては，太陽の光や水，土壌から有機物を作り出す生産者，それを捕食する一次消費者，さらにそれを捕食する二次消費者，それらの動物や植物を分解する分解者がある．すべてがつながりあって構成されているものである．この「食べる・食べられる」の関係を食物連鎖という．この関係にある生物の数のバランスは，図8.3のような個体数ピラミッドで表現される．ここでは，理解を簡単にするため，生産者のムラサキウマゴヤシ，一次消費者のウシ，高次消費者のヒトで代表させた．この図から，ヒト一人に対して，膨大な数の生産者（ムラサキウマゴヤシ）が必要になることがわかる．なお，実際の生態系は図1.5のような三角形になっているわけではなく，図8.3のように圧倒的に生産者が多く，ほんのわずかな数の消費者がその上に乗っている構図である．

個体数は時間的に変動する．たとえば，シカを捕食するオオカミの個体数を考えよう．まず，捕

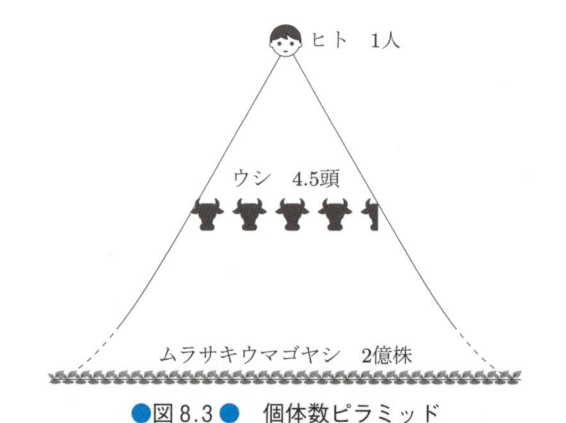

●図8.3● 個体数ピラミッド

食するオオカミの個体数が減少すると，シカの個体数は増加する．すると餌となるシカが増え，捕食者であるオオカミの個体数が再び増加する．するとまたシカが減り，オオカミも再び減る．このように，何も外乱がなくても一定の周期で個体数は変化する．さらに環境・人為因子が加わると，個体数の変化が複雑化する．たとえば，クマは雑食性でドングリも餌になる．ドングリは主に里山に近い場所で実るが，里山が荒廃するとドングリが実らなくなり，それを餌にしていたクマが人の住む地域まで下りてくるようになる．すると，人への危害を防ぐために害獣駆除されることになる．以上のような個体数の推移は，「ロトカ・ボルテラの捕食モデル」などを用いて計算できる．

捕食される生物にとって，捕食圧は進化を促す要因になる．一方，餌が制限された生物は，生き

★3　里地里山とは，山地と市街地の中間に位置する地域のことであり，集落や農地や草原などで構成される．人為による適度なかく乱によって特有の環境が形成・維持され，固有種を含む多くの野生動物を育む地域となっているが，地域の過疎化や高齢化によって，里地里山が荒廃してきていることが問題となっている．

残りをかけて，増殖速度を早める代わりに機能性を低下させる，すなわち個体としての能力を低下させる．生物は一定の捕食圧にさらされながら，生きるための餌を求めることが，普遍的な原理である．

生態系保全を考えるうえで，栄養段階での位置や環境に対する影響が重要である．図1.5と図8.3に示したように，生態系はピラミッド状になっており，裾野が広いほど上位の種を支える力がある．とくに頂点に位置する生物種を**アンブレラ種**とよび，陸上生態系ではライオンやオオタカなどが，海洋生態系ではクジラなどが当てはまる．生物多様性のシンボルにもなっており，とくに保全の優先順位が高い．また，個体数が少なくても環境に変化を与えるような種を，**キーストーン種**と

よぶ．たとえば，森林生態系ではキツツキが木に穴を開けることで，小型哺乳類の巣穴になったり，樹木を弱らせて倒れやすくしたりする．倒れた樹木はキノコなどさまざまな生物の棲みかとなり，また太陽光が差し込むことで陽樹とよばれる光を好む樹木が成育できる．このように，キーストーン種はさまざまな生物を支えており，これも保全の優先順位が高い．

生態系が破壊される要因の一つは，人間による生物資源の過剰な利用である．人間も生物であり，食糧はすべて生物由来である．持続可能な漁業，林業，農業を展開することで，生態系の破壊を抑制することが必要である．なお，栄養段階が上がることにともなう化学物質の濃縮については，1.3節を参照されたい．

8.4 外来種

もともとその土地にいなかったが，なんらかのきっかけで定着した生物種のことを，**外来種**[*4] とよぶ．外来種は在来種に対して，捕食，生息地の競合，遺伝子の交雑，病原菌の感染などを引き起こすため，生態系の問題となっている．

身近な例として，欧米から日本に来た外来種はシロツメクサ，ホテイアオイ，アメリカザリガニなど，日本から欧米に広がった外来種はクズ，コイ，ススキなどがある．原因は，モノやヒトにともなって意図せずに種子が移動したもののほか，レジャーや美観，特定の生物の駆除のための人為的な導入がある．後者の場合，本来の目的を果たせないばかりか，在来種を追いやってしまうことになり，とくに影響が大きい．たとえば，ハブ駆除のために導入したマングースが，在来種のアマミノクロウサギを捕食したり，湖沼の水草除去のために導入したソウギョが，水草を食べ尽くして水質がより悪化したり，という例が見られる．

このような外来種の悪影響に対する懸念から，積極的に駆除する取り組みが進められている．し

かし，外来種は天敵となる捕食者がいないために，爆発的に増えることが多く，完全に駆除することがきわめて難しい．たとえば，ルアーフィッシングの対象魚であるブラックバスは，人為的な放流によって国内で生息域を広げ，2017年現在ではすべての都道府県で生育が確認されている．魚食魚であるため，在来種の生存を脅かしている．琵琶湖では2003年より外来魚のリリース禁止を条例で定め，釣り上げた外来魚を回収しているが，なかなか根絶には至っていない．一方，特定外来生物の一つであるカナダガンは2010年には生息数が100羽を超え，爆発的に繁殖する可能性があったが，市民団体などによる地道な駆除によりその数を減らし，2015年に駆除に成功した．これは珍しい成功事例である．

これ以上の外来種の定着を抑制する対策が求められており，法的な規制強化や遺伝子工学の応用など，新たな手法が模索されている．

★4　ただし，渡り鳥は外来種に含まれない．

8.5 森林生態系と森林破壊

8.5.1 森林生態系と海洋

森林は，草地と比べて生物多様性が高く，10〜20倍の生物種がいるといわれている．とくに日本は，国土面積の3分の2を森林が占め，世界でも有数の森林国である[*5]．生物多様性を支える森林や里地里山の保全が，環境問題として重要な位置を占めている．

また森林は，フミン酸などの腐植物質を地下水に供給し，それが川に流れ，最終的に海に流れる．そして海洋の植生（藻など）を豊かにし，魚を集める．海の恵みの源は森林であるといわれている．「海の砂漠化（潮焼け）」とよばれる海洋生態系の問題は，森林破壊がその一因ともなっている．

8.5.2 生態系の成立と遷移の関係

生物学分野では，植物の移ろいを遷移という．火山の噴火などで生じる裸地から，かく乱に対する抵抗力をもつ極相という段階までの，植物の遷移と構成する生態系の変化についてみていく．

図8.4に，植生の遷移と生態系の発達を示す．まず，火山の噴火などで大規模な荒廃地（＝裸地）が出現すると，はじめに地衣類が繁殖する．岩石類が風化して，植物が根を張り栄養分を吸収するのに必要な土壌が生成されていくが，そのスピードはきわめて遅く，何十年もの歳月がかかる．土壌の構成については4.1節を参照されたい．この表層の土壌を足場として植生が増えていく．その後，一年生草本が生え始め，数年経つと多年生草本が優占する草原が形成されていく．その後，幼木のときに太陽の光を必要とする樹木（たとえばナラやマツ）が生長し，陽樹林を形成する．林床は，太陽の光が樹木で遮られ暗くなるため，徐々に陽樹の幼木が生長できなくなる．やがて，照葉樹や針葉樹が中心となる陰樹[*6]の森に変化していく．

この極相（クライマックス）とよばれる段階では，種の多様性が最大となるが，生長や生え代わりがなければ生産性はゼロとなる．二酸化炭素の固定も多くは期待できない．ただし，極相を迎えた森林で，ときどき寿命を迎えた樹木が倒れるなどしてできるギャップとよばれる穴が開くと，その部分は太陽の光が差し込むようになり，日向を

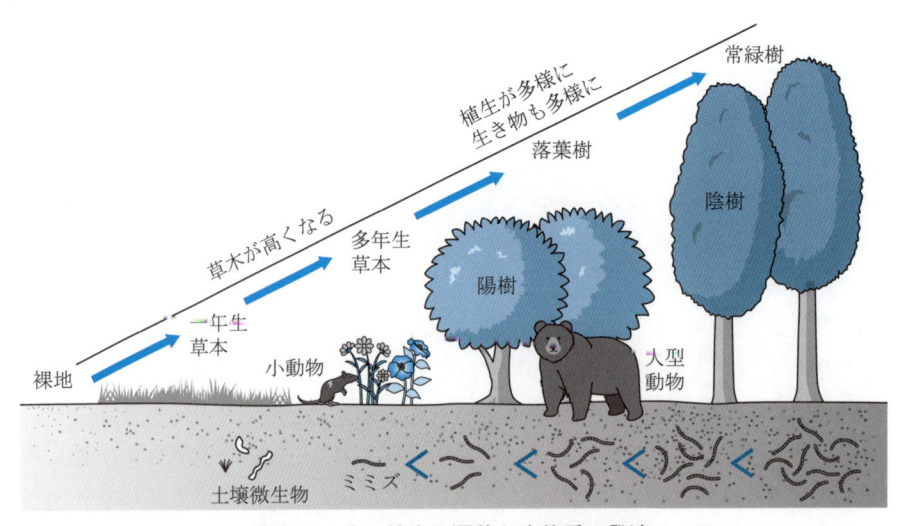

●図8.4● 植生の遷移と生態系の発達

[*5] 日本の森林率は69%と世界でも最高レベルであるが，国民一人あたりの森林面積は0.2 ha/人であり，これは最低レベルである．
[*6] 暗い林床でも生育が可能な樹種．

好む生物が優占する環境が局地的にできるようになる.

一般に,陰樹は陽樹よりも生長が遅いが,陽樹の陰で生長できるため,生長とともに陽樹を駆逐する.日本のような温暖多雨な気候においては,最終的に陰樹林が形成されていく.

以上のような植物の遷移に応じて,森林に生息するほかの生物の種類も変化していくことになる.日向を好む生物から日陰を好む生物へと変化する.また,増殖速度は速いが寿命の短い生物[*7]から,増殖速度は遅いが寿命の長い生物[*8]へと変化する.たとえば,哺乳類では,小型のげっ歯類から大型のツキノワグマへの変化が好例である.

この過程に人の手が入ることで,森林生態系は変化しうる.たとえば,薪炭林[*9]として人手を入れる里山などは,陽樹の段階で木材を切り出し,そこで植生がリセットされる.再び草地から生態系が回復されていくことになる.実は,このほうが生産力や二酸化炭素の固定量も高くなる.つまり,木材の積極的な利用の推進は,森林生態系の多様性の側面からも,好ましいことである.日本では薪炭林の存在価値や木材利用率が低下し,里山が放置されている.しかし,生態系保全の観点もふまえ,地方振興政策とあわせて里山・森林生態系の価値を見直すことが期待される.

8.5.3 世界の森林破壊

世界の森林は,陸地の約30%を占め,面積は約40億 ha である.しかし,その破壊は急速に進んでおり,2000年から2010年の10年間に約1,300万 ha の森林が減少した.これは日本の国土面積の5分の1に相当する.地域別にみるとアフリカと南米で大幅に減少している.この地域にある熱帯林は,とくに種の宝庫といわれ,地球上の生物種の半数以上が生息しているといわれているが,いったん伐採されるとその再生が非常に困難である.また,森林は二酸化炭素の吸収源として大変重要であるため,森林破壊は地球温暖化問題の進行に拍車をかけることにもなる.

森林破壊の原因としては,過剰放牧,非伝統的な焼畑農業,過度な商業的な伐採,森林火災,酸性雨などが挙げられる.これらの問題に対する国際的な取り組みが求められている.2012年にリオデジャネイロで開催された国連持続可能な開発会議(リオ +20)の成果文書「我々の求める未来」では,森林からの生産物やサービスの意義が再確認された.持続可能な森林経営の目的と実践を,政策に盛り込むことの重要性が強調されている.

8.6 砂漠化と生物多様性の問題

乾燥,半乾燥地域における人間活動に起因する土地の荒廃を砂漠化という.人口増加による食糧確保を目的として,不適切なかんがいや過剰な放牧により土地が荒廃し,砂漠化が起きる.砂漠化によってさらに食糧の生産性が低下し,さらなる過剰な耕作や放牧を招き,砂漠化がさらに進行するといった悪循環が指摘されている.1年間で日本の四国に相当する面積が砂漠化している.表8.

3に乾燥地の分類を示す.乾燥指数 AI によって地域が区分される.

乾燥地の割合を計算すると以下のようになる.
$$乾燥地 = 乾燥半湿潤地域 + 半乾燥地域 \\ + 乾燥地域 + 極乾燥地域 = 47.2\%$$
$$(8.1)$$

[*7] 生活場所や餌など,不安定な環境に依存しており,個体数が減少しても急速に増殖し個体数を回復させ,高い移動能力をもつ生物である.r 選択種ともよぶ.
[*8] 安定した生活場所を利用し,餌資源を有効に利用して,競争力を高める生物である.K 選択種ともよぶ.
[*9] 薪や炭の原木の用途とする林.

■表8.3■　乾燥地の分類[4]

区分	乾燥指数*	特徴	面積［百万 ha］	面積割合［%］
極乾燥地域	$AI < 0.05$	雨季はなく，人間活動が制限される地域（砂漠）	978.1	7.5
乾燥地域	$0.05 < AI < 0.20$	降水量 200〜300 mm 未満，年変動率 50〜100%	1,569.2	12.1
半乾燥地域	$0.20 < AI < 0.50$	雨季があり，500〜800 mm 未満，年変動率 25〜50%	2,305.3	17.7
乾燥半湿潤地域	$0.50 < AI < 0.65$	年変動 25% 未満，非かんがい農業が行える	1,294.7	9.9
湿潤地域	$0.65 < AI$	乾燥地には分類されない	5,100.4	39.2
冷涼地域	$0.65 < AI$	乾燥地には分類されない	1,765.0	13.6

＊　乾燥指数 AI ＝年間降水量 P/年蒸発散量 PET．P も PET も単位は［mm/年］である．$AI < 1$ だと降水量より蒸発散量のほうが大きいことを示す．

砂漠化の影響を受けやすい乾燥地

$$= 乾燥半湿潤地域 + 半乾燥地域 + 乾燥地域 = 39.7\% \qquad (8.2)$$

つまり，世界の半分は乾燥地であり，砂漠化しやすい地域は約 4 割である．また，乾燥地には世界人口の約 3 分の 1 が住んでいる[*10]．

乾燥地域は年による降水量の変化が大きいという特徴がある．たとえば，サハラ砂漠のある地域では年の平均降水量が 30 mm であるが，1934 年に 3 日間で 300 mm という豪雨の記録が存在する．この場合，この 3 日間だけで考えても，降水量の

年変動率は $300/30 ＝ 1000\%$ ということになる．

このような降水量の変動が著しい乾燥地域は生物が生きることが難しい不毛な大地のように思われるが，必ずしもそういうわけではない．大型ほ乳類のラクダを筆頭として，ネズミやトカゲなどの小動物や昆虫，そして驚くべきことに雨の後の水たまりに魚まで見られるのである．砂漠でも生態系は存在するが，きわめてぜい弱である．すべての生物の基礎は水であるため，必然的に乾燥地域の生態系は弱くなり，保全に注意を払う必要がある．

[*10]　食糧が不足しがちなこの地域では，民族間紛争や国際紛争も絶えず，環境問題に限らず社会的な意味でも人類にとって深刻な脅威である．

演・習・問・題・8

8.1

農耕は人類が引き起こした最初の環境破壊といわれているが，地球誕生からの時間スケールを考えるときわめて最近の話である．人類が農耕を開始したのは約1万年前とされているが，これは地球誕生を1年前に例えるとどれくらい前の出来事になるか．表8.1を基にして計算せよ．

8.2

ハーバーボッシュ法で窒素肥料が合成できるようになった人類は，何度目かの人口爆発を起こした．肥料が合成できることで，なぜ人口が増えたのか．

8.3

日本の年平均降水量を約1,800 mmとして，年平均蒸発量600 mmの地域の乾燥指数を求めよ．

8.4

8.5.2項の脚注*7，8を参考にして，以下の特徴をもつ生物の生存戦略について，r選択かK選択のいずれかを選べ．

(1) 自然淘汰の競争に強く，体が大きく，少産の生物．

(2) 個体数がある環境での許容量に達するまでに，環境自体が変化してしまうようなところに生息し，多産の生物．

第1章
第2章
第3章
第4章
第5章
第6章
第7章
第8章

付　表

■付表1■　SI単位で用いられる接頭語

接頭語	大きさ	記号	接頭語	大きさ	記号
テラ（tera）	10^{12}	T	センチ（centi）	10^{-2}	c
ギガ（giga）	10^{9}	G	ミリ（milli）	10^{-3}	m
メガ（mega）	10^{6}	M	マイクロ（micro）	10^{-6}	μ
キロ（kilo）	10^{3}	k	ナノ（nano）	10^{-9}	n
ヘクト（hecto）	10^{2}	h	ピコ（pico）	10^{-12}	p
デカ（deca）	10^{1}	da	フェムト（femto）	10^{-15}	f
デシ（deci）	10^{-1}	d	アト（atto）	10^{-18}	a

■付表2■　補助単位

単位	大きさ	溶液の場合の濃度
%	10^{-2}	10 g/L
‰	10^{-3}	g/L
ppm	10^{-6}	mg/L
ppb	10^{-9}	μg/L
ppt	10^{-6}	ng/L

■付表3■　環境年表

年	出来事
1891	田中正造が足尾銅山鉱毒事件を国会で追及
1922	富山県神通川流域でイタイイタイ病発生
1952	ロンドンスモッグ事件
1955	イタイイタイ病が学会で報告
1956	水俣病患者が公式確認
1960	ベトナム戦争で枯葉剤散布
1961	四日市ぜんそくが表面化
1965	新潟水俣病公式公認
1967	公害対策基本法制定
1968	イタイイタイ病公害訴訟 カネミ油症事件
1970	公害国会開催，公害関係14法制定
1971	環境庁発足 ラムサール条約採択
1972	ローマクラブ『成長の限界』発表 国連人間環境会議開催（ストックホルム），人間環境宣言採択 ロンドン条約採択
1973	ワシントン条約採択 オイルショック
1974	世界人口会議

年	出来事
1975	六価クロム汚染事件
1976	イタリア・セベソ事故
1977	国連砂漠化防止会議
1978	西淀川大気汚染公害訴訟
1979	スリーマイル島原発事故
1982	国連環境会議採択
1985	ウィーン条約採択
1986	チェルノブイリ原発事故
1987	モントリオール議定書採択 ブルントラント委員会が持続可能な開発を提言
1988	ソフィア議定書採択
1989	バーゼル条約採択
1990	豊島産廃問題
1991	環境庁がレッドデータブック発行
1992	地球サミット開催，リオ宣言，アジェンダ21，気候変動枠組み条約，生物多様性条約採択
1993	環境基本法制定
1994	砂漠化防止条約採択
1995	高速増殖炉もんじゅでナトリウム漏れ事故
1996	環境ホルモンの脅威を説いたシーア・コルボーン他著『奪われし未来』が出版
1997	COP3開催，京都議定書採択
1998	家電リサイクル法制定
1999	ダイオキシン類対策特別措置法制定
2000	循環型社会形成推進基本法制定 バイオセーフティーに関するカルタヘナ議定書採択
2001	フロン回収破壊法制定 POPs条約採択
2002	環境開発サミット開催（ヨハネスブルグ）
2003	ヨーロッパで記録的な熱波
2004	外来生物法制定
2005	アスベストが社会問題に 京都議定書発効
2006	RoHS指令施行
2007	IPCCとゴア元米副大統領『不都合な真実』がノーベル平和賞
2008	生物多様性基本法制定
2009	グリーン・ニューディール始まる
2010	生物多様性のCOP10開催，愛知ターゲットと名古屋議定書採択
2011	東日本大震災，福島第一原発事故 国際森林年
2012	再生可能エネルギーの固定価格買取制度スタート アメリカでシェール革命
2013	中国からのPM2.5が社会問題に ニホンウナギが絶滅危惧種に指定
2014	燃料電池車，世界で初めて市販される
2015	COP21開催，パリ協定採択

演 習 問 題 解 答

演習問題序

序.1 化学，物理学，生物学，工学，経済学，法学など枚挙に暇がない．

序.2 例：水俣病の原因物質はメチル水銀という液体であったため，拡散し，広く水俣湾周辺の海域を汚染した．環境汚染物質が固体であれば，拡散の範囲は大きくないが，液体，気体の場合，その物質は周囲に拡散し，環境汚染の影響範囲は大きくなる．

序.3 表序.1参照

演習問題1

1.1 ダイオキシン類は人類が作り出した最強の毒物ともいわれ，青酸カリの約1,000倍，サリンよりも約2倍強い致死毒性をもつ．甲状腺を壊死させ，細胞の代謝を促進する甲状腺ホルモンが減少し，その結果徐々に細胞が栄養素を利用できなくなり，死に至る．

1.2 a：2，b：0.00001 ppb，c：1,000 ppb

演習問題2

2.1 水中の有機物（＝汚濁物質）が無機化する際に酸素を使用するため，酸化反応を起こさせた際に使用された酸素量（＝酸素要求量）の大小が，結果的に汚濁物質の量の大小を示すことになる．BODは微生物反応，CODは化学（酸化剤による酸化）反応による消費量と定義される．なお，BODは微生物反応を利用するものなので，微生物の活動を阻害する毒性物質が含まれやすい閉鎖性水域（湖沼や海域等）に対しては，非生物的な指標であるCODが用いられる．

2.2 アオコは，池や湖沼で見られるシアノバクテリア（藍藻）の大量発生であり，淡水資源の汚染原因となる．とくに，水道原水として使用した場合の浄水工程への悪影響やシアノバクテリアが産出する毒性物質の混入が問題となる．赤潮は，海域で起きるラフィド藻や渦鞭毛藻の大量発生であり，養殖業を中心とした漁業に被害を及ぼす．

2.3 凝集剤は，水道原水中の懸濁物どうしの電気的な反発を軽減するものであり，これにより懸濁粒子を大きくすることで，沈降やろ過による分離をしやすくする．塩素は，消毒のほか水道原水中の有機物やアンモニア，鉄，マンガンなどの酸化分解を目的として使用される．

2.4 好気性処理は，酸素が豊富に存在する酸化的な状態で行うものであり，比較的低温でも対応できる．一方で，曝気を行うためエネルギー消費量が多いことや余剰汚泥が発生することが短所となる．嫌気性処理は，酸素が枯渇した還元的な状態にて行うもので，高濃度排水に適応可能であるとともに，適切な分離精製過程を経て燃料となるメタンを得ることができる．一方で，低温では処理効率が低下することや，反応初期の速度が遅いことなどが短所である．

演習問題3

3.1 ばい煙を原因とするロンドン型スモッグと，光化学オキシダントを原因とするロサンゼルス型スモッグがある．前者は冬に，後者は夏に起きやすい．

3.2 VOCが存在すると，その光分解によって生成するラジカルがNO_2を生成する．このNO_2は酸素をオゾンに変化させるもので，結果的にオゾン濃度が増加する．このラジカルはまたNOを消費するために，オゾンとNOの反応にともなうオゾン消費が減少し，さらにオゾンの生成量が増加する（図3.3参照）．

3.3 そのサイズが小さく（$2.5\,\mu m$以下），呼吸器の下部気道中の呼吸域まで入りこむため（図3.8参照）．

3.4 pH＝5.6以下を酸性雨とよぶ．大気中に存在する二酸化炭素と雨水が平衡となる場合，pHが5.6となるので，これを基準としている．

演習問題4

4.1 鉱山排水に含まれる重金属による汚染，工場からの揮発性有機化合物による汚染，農地への農薬の過剰散布による農薬汚染，農地への窒素肥料の過剰施肥による硝酸性窒素汚染，産業廃棄物や一般廃棄物による汚染．

4.2 カドミウム Cd．神岡鉱山（亜鉛，鉛，銀）の排水が農地を汚染し，ここから収穫された米が，カドミウムの主要な曝露経路の一つである．

4.3 土壌中の重金属は植物，農作物の生育を阻害し，収穫量を低下させる．また，農作物中の重金属等は生物濃縮を通じてヒトの体内にも蓄積され健康被害を与える．

4.4 利点：単位面積あたりの収量増加，農家の労働低減，欠点：農薬中毒，土壌汚染による生態系破壊．

4.5 例：封じ込めやバイオレメディエーションなど

4.6 例：土壌は固体であり，流体ではないため，回分処理（バッチ処理）しかできないこと．

4.7 カロリーベースの食糧自給率は39%，生産額ベースの食糧自給率は66%，重量ベースの食糧自給率は61%（いずれも2013年のデータ）．したがって，大小関係は，生産額ベース＞重量ベース＞カロリーベースとなる．国産の農産物の金額が高いこと，重量のあるものはフードマイレージが大きくなること，などの点から大小関係を考察してほしい．

演習問題 5

5.1

$O=C=O$

$N-O$ N

H; H—C—H with H below (methane)

F_6S structure: F—S—F with F's around S

5.2 等核2原子分子は赤外吸収がない．3原子分子になると，たとえ同じ原子核をもつものであっても，赤外吸収によってさまざまな分子運動が可能になるため，温室効果がある．

5.3 ppmv とは parts per million by volume，つまり体積基準での100万分の1を意味する．大気 $1\,\text{m}^3$ 中に $380/10^6\,\text{m}^3$ 含まれることになり，0.0380% となる．

5.4 式 (5.6) で生成する塩素原子が，式 (5.5) で再びオゾンと反応する．

5.5 a：15，b：−18，c：30，d：40

5.6 表5.1より，メタン2トンは二酸化炭素50トンに相当する．また，一酸化二窒素0.005トンは1.49トンに相当する．いずれも農地からの排出が問題視されており，その抑制技術に注目が集まっている．

演習問題 6

6.1 石炭は，固形燃料資源の代表であり，埋蔵場所は石油のように偏在しておらず，日本においてもかつては多くの石炭を採掘供給していた．また，鉄鉱石の還元にも用いられる．石油は，その取り扱いや保管が容易であり，燃料のほか，各種石油化学製品の原料となっている．地球上での存在場所には偏りがみられ，戦略的資源としての特徴をもっている．天然ガスは，発電用や都市ガス用，また複合サイクル発電設備やコージェネレーション設備としての利用も行われる燃料である．また，日本近海にもその濃集帯が確認されるメタンハイドレートも天然ガスの一種である．

6.2 バイオエタノールは，サトウキビやトウモロコシ等の糖質資源の発酵により得られるものである．農業生産の余りである茎等も，セルロース成分をセルラーゼ等により糖化することでバイオエタノールの原料となる．バイオディーゼル燃料は，大豆油や菜種油等の油脂資源から得られるものであり，廃食用油からも生産される．

6.3 燃料電池では，酸素極とよばれる正極に酸素を，燃料極とよばれる負極に水素，メタノール，一酸化炭素，炭化水素などを供給し，両極の間に満たされた電解質中を酸素イオンあるいは水素イオンを移動させて電位を発生させる．つまり，水に電極を浸して電気を加え，水素と酸素を発生させる電気分解と逆の過程である．

演習問題 7

7.1 廃棄物最終処分場からの浸出水が周辺土壌を汚染するため，密接な関係がある．土壌も廃棄物も固体であるため，処理が難しいという共通点がある．

7.2 図7.9より，わが国の廃棄物排出量は，近年ほぼ横ばいとみなしてよい．

7.3 利点：ゴミの減溶化．欠点：焼却灰の有害性．ゴミの体積は焼却処理によりほぼ10分の1になるが，有害重金属類などの濃度は10倍大きくなる．

7.4 最終処分場からの浸出水による環境汚染．

7.5 塩素を含んだ有機物の低温燃焼により発生する．高温で焼却処理することで抑制できる．

7.6 たとえば，大型家電や自動車などは，購入時にリサイクル料金を課すことで不法投棄が減少した．廃棄時にリサイクル料金を取る仕組みでは，不法投棄は増加する．なお，家電などについては，特定家庭用機器再商品化法という法律があり，読んで字のごとく一定水準以上のリサイクル義務が製造業者に課され，廃家電を引き取る義務がある．

7.7 図7.15より，原価が高い材料のリサイクル率は高くなる傾向が見られる．アルミ缶のリサイクル率は電力の料金に依存する．紙のリサイクル率はバージンパルプの価格に大きく依存する．

7.8 循環利用率＝循環利用量/(循環利用量＋天然資源等投入量)であるので，循環利用率＝261/(261＋1,388)＝0.158 となる．わが国が目標としている循環利用率は17%（2020年度）である

7.9 ゴミ総排出量＝総資源化量＋減量化量＋最終処分場であることから，最終処分量＝4,398−900−3,092＝406万トンであり，その割合は406/4,398＝0.092＝9.2%である．参考値として，産業廃棄物（2014年度）では総排出量39,284万トンのうち，再生利用量が20,968万トン，減量化量が1,728万トンで，最終処分量は1,040万トン（3%）である．

演習問題 8

8.1 表8.1の人類誕生の行に着目して計算すると，12分前/(10万年/1万年)＝1.2分前

8.2 肥料が人工的に合成できるようになると，それまでの自然由来の肥料しかなかった時代に比べて，生産者である植物を基本とする食糧生産が飛躍的に高まったため．

8.3 $AI＝P/PET＝1,800/600＝3.00$

8.4 (1) K選択　(2) r選択

参 考 文 献 [URLは2018年2月現在]

■序　章

[1]　国立社会保障・人口問題研究所，人口統計資料集2017年改訂版，`http://www.ipss.go.jp/syoushika/tohkei/Popular/Popular2017RE.asp?chap=0`

■第1章

[1]　環境省，平成29年版環境白書・循環型社会白書・生物多様性白書，`http://www.env.go.jp/policy/hakusyo/h29/`

[2]　国土交通省大和川河川事務所，大和川の水質，`https://www.kkr.mlit.go.jp/yamato/environment/outline/water1.html`

[3]　環境省・環境格付融資に関する課題等検討会，環境格付融資の課題に対する提言（最終報告，平成27年3月），`http://www.env.go.jp/policy/kinyu/kakuzukeyusi_sokusin.html`

■第2章

[1]　Igor Shiklomanov, Igor Shiklomanov's chapter "World fresh water resources" in Peter H. Gleick (Ed.), Water in Crisis: A Guide to the World's Fresh Water Resources, Oxford University Press, 1993, `https://water.usgs.gov/edu/earthwherewater.html`

[2]　国土交通省，平成29年版日本の水資源の現況，`http://www.mlit.go.jp/mizukokudo/mizsei/mizukokudo_mizsei_fr2_000020.html`

[3]　東京都，とりもどそうわたしたちの川を海を，`http://www.kankyo.metro.tokyo.jp/water/attachement/H19-panf.pdf`

[4]　環境省，報道発表資料 平成28年度末の汚水処理人口普及状況について，`http://www.env.go.jp/press/104441.html`

[5]　環境省，平成28年度公共用水域水質測定結果（平成29年12月），`http://www.env.go.jp/water/suiiki/`

[6]　厚生労働省，水質汚染事故による水道の被害及び水道の異臭味被害状況について（平成27年度調査），`http://www.mhlw.go.jp/stf/seisakunitsuite/bunya/topics/bukyoku/kenkou/suido/kikikanri/03.html`

[7]　愛知県衛生研究所，ブラジルで透析患者50人が死亡，`http://www.pref.aichi.jp/eiseiken/5f/dialysis.html`

[8]　WHO, Cholera Fact Sheet, Updated Dec. 2017, `http://www.who.int/mediacentre/factsheets/fs107/en/`

[9]　国立感染症研究所，クリプトスポリジウム症とは，`https://www.niid.go.jp/niid/ja/kansennohanashi/396-cryptosporidium-intro.html`

[10]　東京都環境局，平成27年度東京湾調査結果報告書，`http://www.kankyo.metro.tokyo.jp/water/tokyo_bay/red_tide/download.html`

[11]　厚生労働省，新水道ビジョン2013年3月，`http://www.mhlw.go.jp/seisakunitsuite/bunya/topics/bukyoku/kenkou/suido/newvision/newvision/newvision-all.pdf`

[12]　佐々木隆，高度浄水技術におけるオゾンの役割と浄水への導入，資源環境対策，33 (3)，pp. 231-240，1997

[13]　真田雄三，鈴木基之，藤元薫，新版活性炭―基礎と応用，講談社サイエンティフィク，1992

[14]　勢渡巌，活性炭吸着，（井出哲夫（編著），『水処理工学（第2版）―理論と応用』），技報堂出版，pp. 401-477，1990

[15]　澤田繁樹，膜分離技術，（水環境保全技術と装置事典編集委員会編，『水環境保全技術と装置事典』），産業調査会事典出版センター，pp. 90-106，2003

[16]　（公社）日本水道協会，平成26年度水道統計 施設・業務編，pp. 890-891，2016

[17]　全国簡易水道協議会，平成26年度全国簡易水道統計，p. 3，2018

[18]　局俊明，嫌気性処理装置，（水環境保全技術と装置事典編集委員会編，『水環境保全技術と装置事典』），産業調査会事典出版センター，pp. 130-136，2003

[19]　国土交通省，資源・エネルギー循環の形成，`http://www.mlit.go.jp/mizukokudo/sewerage/crd_sewerage_tk_000124.html`

[20]　加藤勇，カドミウム・鉛排水の処理，（公害防止の技術と法規編集委員会編，『新・公害防止の技術と法規2007』），産業環境管理協会，pp. II-204-220，2007

[21]　長岡裕，汚水処理特論―物理化学的処理法― pH調節操作（公害防止の技術と法規編集委員会編，『新・公害防止の技術と法規2007』），産業環境管理協会，pp. II-35-38，2007

[22] 加藤勇, 水質有害物質特論―クロム（VI）（六価クロム）排水の処理―クロム（VI）化合物の化学的性質（公害防止の技術と法規編集委員会編, 『新・公害防止の技術と法規 2007』）, 産業環境管理協会, pp. II-210-211, 2007

[23] セレン排水の処理, （公害防止の技術と法規編集委員会編, 『新・公害防止の技術と法規 2007』）, 産業環境管理協会, 2007

[24] 横浜市環境創造局, 高度処理方式, http://www.city.yokohama.lg.jp/kankyo/gesui/syori/koudo/houshiki/houshiki04.html

[25] 和歌山県工業技術センター, 新しい窒素除去技術― Anammox 反応, テクノリッジ No. 282, 2009, http://www.wakayama-kg.jp/pub/docs/tr282.pdf

[26] 国土交通省, 第1回水環境マネジメント検討会資料3, http://www.mlit.go.jp/common/000220851.pdf

[27] （公社）日本下水道協会, 高度処理, http://www.jswa.jp/qa/3-1.html

[28] 国土交通省, 雨水・再生水利用の普及状況, http://www.mlit.go.jp/mizukokudo/mizsei/mizukokudo_mizsei_tk1_000055.html

■第3章

[1] 佐野悈, 硫酸の霧と煙草の煙　空気汚染の問題によせて, 粉体工学研究会誌 1 （2）, pp. 127-136, 1964

[2] 花木啓祐, 環境学入門 10 都市環境論, 岩波書店, 2004

[3] 片岡正光・竹内浩士, 酸性雨と大気汚染, 三共出版, 1998

[4] 国立環境研究所, 大気汚染状況の常時監視結果データの説明（測定物質）, http://www.nies.go.jp/igreen/explain/air/sub.html

[5] 環境省, 大気汚染物質広域監視システムそらまめ君, http://soramame.taiki.go.jp/Kokusetu/KksTokyo.html

[6] 環境省, 平成 27 年度大気汚染の状況, http://www.env.go.jp/press/103858.html

[7] （国研）国立環境研究所, 環境儀, No. 22, 2006, https://www.nies.go.jp/kanko/kankyogi/22/02-03.html

[8] 進藤勇治, 地球環境セミナー③地球を包む大気, オーム社, 1993

[9] 環境省, 越境大気汚染・酸性雨長期モニタリング報告書（平成 20～24 年度）(2014), http://www.env.go.jp/air/acidrain/

[10] 高品徹, 第 4 章 排煙脱硫技術―概要, （『環境汚染防止のための大気環境保全技術と装置事典』）, 産業調査会事典出版センター, 2003

[11] 高品徹, 第 4 章 排煙脱硫技術― 2. 湿式排煙脱硫法, （『環境汚染防止のための大気環境保全技術と装置事典』）, 産業調査会事典出版センター, 2003

[12] 入江英司・江見準・大佐々邦久・金岡千嘉男, 固液・固気分離, （化学工学会編, 『化学工学便覧　改訂 6 版』）, 丸善, 1999

■第4章

[1] 環境省, 平成 29 年版環境白書・循環型社会白書・生物多様性白書, http://www.env.go.jp/policy/hakusyo/h29/

[2] 農林水産省, 政府統計の総合窓口（e-Stat）＞平成 28 年度食料需給表＞諸外国・地域の食料自給率（カロリーベース）の推移（1961～2016）（試算等）2016 年度, http://www.e-stat.go.jp/

[3] 農林水産省, 政府統計の総合窓口（e-Stat）＞平成 28 年度食料需給表＞品目別自給率の推移 2016 年度, http://www.e-stat.go.jp/

■第5章

[1] E. A. Davidson and D. Kanter, Inventories and scenarios of nitrous oxide emissions, Environ. Res. Lett. 9 105012, 2014

[2] （一財）日本エネルギー経済研究所, EDMC／エネルギー・経済統計要覧 2017 年版

[3] 国立環境研究所地球環境研究センター温室効果ガスインベントリオフィス, 日本の温室効果ガス排出量データ 2017 年公開版（速報値：1990～2016 年度）, http://www-gio.nies.go.jp/aboutghg/nir/nir-j.html

[4] 世界気象機関／気象庁温室効果ガス世界資料センター, CO₂ Ryori - JMA, http://ds.data.jma.go.jp/gmd/wdcgg/cgi-bin/wdcgg/download.cgi?index=RYO239N00-JMA&lang=JP&param=200612120021&select=inventory

[5] 環境省, 平成 27 年版環境白書・循環型社会白書・生物多様性白書, http://www.env.go.jp/policy/hakusyo/h27/

[6] 国土交通省, 運輸部門における二酸化炭素排出量, http://www.mlit.go.jp/sogoseisaku/environment/sosei_environment_tk_000007.html

[7] 環境省, 京都議定書の要点, http://www.env.go.jp/earth/ondanka/mechanism/gaiyo_k.pdf

[8] 環境省, 平成 28 年度オゾン層等の監視結果に関する年次報告書, http://www.env.go.jp/earth/report/h29-04/

■第6章

[1] BP, Statistical Review of World Energy 2016, 2016, `https://www.bp.com/en/global/corporate/energy-economics/statistical-review-of-world-energy.html`

[2] 資源エネルギー庁，日本のエネルギー 2016，`http://www.enecho.meti.go.jp/about/pamphlet/`

[3] 資源エネルギー庁，エネルギー白書 2016，`http://www.enecho.meti.go.jp/about/whitepaper/2016html/`

[4] 資源エネルギー庁，エネルギー白書 2013，`http://www.enecho.meti.go.jp/about/whitepaper/2013html/`

[5] 資源エネルギー庁，エネルギー白書 2017，`http://www.enecho.meti.go.jp/about/whitepaper/2017html/`

[6] IMF, World Economic Outlook Database, `https://www.imf.org/external/pubs/ft/weo/2016/02/weodata/index.aspx`

[7] 佐藤正知・蛭沢重信，エネルギーと環境，三共出版，1998；p. 20 図 2.5 油田の典型的な地質断面図

[8] 小西誠一，エネルギーのおはなし，日本規格協会，1995；p. 80 図 3.5 オイルサンドの構造

[9] 石油技術協会，オイルサンドとオイルシェール，`http://www.japt.org/abc/a/gijutu/maizou.html#oil`

[10] IPCC, Special Report on Renewable Energy Sources and Climate Change Mitigation (SRREN), 2012, `http://www.ipcc.ch/report/srren/`

[11] 資源エネルギー庁，水力発電について，`http://www.enecho.meti.go.jp/category/electricity_and_gas/electric/hydroelectric/database/energy_japan006/`

[12] 環境省，小水力発電情報サイト，`http://www.env.go.jp/earth/ondanka/shg/page01.html`

[13] 農林水産省，バイオマス・ニッポン総合戦略（平成 18 年 3 月 31 日閣議決定），`http://www.maff.go.jp/j/biomass/`

[14] 農林水産省，バイオマス活用推進基本計画（平成 28 年 9 月 16 日閣議決定），`http://www.maff.go.jp/j/shokusan/biomass/`

[15] （株）三菱総合研究所，バイオ燃料に関する諸外国の動向と持続可能性基準の制度運用等に関する調査報告書，2015，`http://www.meti.go.jp/meti_lib/report/2015fy/000795.pdf`

[16] 国土交通省，平成 23 年度国土交通白書 2012，`http://www.mlit.go.jp/hakusyo/mlit/h23/`

[17] 環境省，バイオ燃料本格普及事業，`http://www.env.go.jp/earth/ondanka/biofuel/`

[18] 新エネルギー・産業技術総合開発機構（NEDO）「日本における風力発電設備・導入実績」を基に作成，`http://www.nedo.go.jp/library/fuuryoku/state/1-01.html`

[19] 新エネルギー・産業技術総合開発機構（NEDO）「NEDO 再生可能エネルギー技術白書　第 2 版」森北出版，2014 を基に作成

[20] 電気事業連合会，一世帯あたり電力消費量の推移，`http://www.fepc.or.jp/enterprise/jigyou/japan/sw_index_04/`

[21] 資源エネルギー庁，再生可能エネルギーの固定価格買取制度について，2012，`http://www.enecho.meti.go.jp/category/saving_and_new/saiene/kaitori/dl/120522setsumei.pdf`

■第7章

[1] 総務省統計局，世界の統計 2017，2-4　人口・面積，16-9　一般廃棄物排出量の推移，`http://www.stat.go.jp/data/sekai/0116.htm`

[2] 環境省，平成 29 年版環境白書・循環型社会白書・生物多様性白書，`http://www.env.go.jp/policy/hakusyo/h29/`

[3] 環境省，平成 29 年版環境統計集，`http://www.env.go.jp/doc/toukei/tokeisyu.html`

[4] 環境省，日本の廃棄物処理，`http://www.env.go.jp/recycle/waste_tech/ippan/stats.html`

[5] 環境省，産業廃棄物行政組織等調査，`http://www.env.go.jp/recycle/waste/kyoninka.html`

[6] 環境省，平成 23 年版環境白書・循環型社会白書・生物多様性白書，`http://www.env.go.jp/policy/hakusyo/h23/`

[7] （公財）古紙再生促進センター，`http://www.prpc.or.jp/menu02/cont12.html`

[8] スチール缶リサイクル協会，`http://www.steelcan.jp/recycle/`

[9] アルミ缶リサイクル協会，`http://www.alumi-can.or.jp/publics/index/65/`

[10] PET ボトルリサイクル推進協議会，`http://www.petbottle-rec.gr.jp/data/transition.html`

■第8章

[1] 環境省，平成 24 年版環境白書・循環型社会白書・生物多様性白書，`http://www.env.go.jp/policy/hakusyo/h24/`

[2] 環境省，平成 25 年版環境白書・循環型社会白書・生物多様性白書，`http://www.env.go.jp/policy/hakusyo/h25/`

[3] 環境省，平成 28 年版環境白書・循環型社会白書・生物多様性白書，`http://www.env.go.jp/policy/hakusyo/h28/`

[4] UNEP, World Atlas of Desertification, 2nd ed., 1997

さくいん

著 者 略 歴

庄司 良（しょうじ・りょう）
2000 年　東京大学大学院工学系研究科化学システム工学専攻博士課程修了
現　在　東京工業高等専門学校物質工学科准教授
　　　　博士（工学）

下ヶ橋 雅樹（さげはし・まさき）
2000 年　東京大学大学院工学系研究科化学システム工学専攻博士課程修了
現　在　叡啓大学ソーシャルシステムデザイン学部教授
　　　　博士（工学）

編集担当　千先治樹（森北出版）
編集責任　石田昇司（森北出版）
組　　版　創栄図書印刷
印　　刷　　同
製　　本　　同

物質工学入門シリーズ
基礎からわかる環境化学　　　　　　　　　　© 庄司　良・下ヶ橋雅樹　2018

2018 年 4 月 20 日　第 1 版第 1 刷発行　　　【本書の無断転載を禁ず】
2022 年 3 月 10 日　第 1 版第 2 刷発行

著　　　者　庄司　良・下ヶ橋雅樹
発 行 者　森北博巳
発 行 所　森北出版株式会社
　　　　　　東京都千代田区富士見 1-4-11（〒102-0071）
　　　　　　電話 03-3265-8341／FAX 03-3264-8709
　　　　　　http://www.morikita.co.jp/
　　　　　　日本書籍出版協会・自然科学書協会　会員
　　　　　　JCOPY ＜（社）出版者著作権管理機構　委託出版物＞

著 者 略 歴

庄司　良（しょうじ・りょう）
2000 年　東京大学大学院工学系研究科化学システム工学専攻博士課程修了
現　在　東京工業高等専門学校物質工学科准教授
　　　　博士（工学）

下ヶ橋　雅樹（さげはし・まさき）
2000 年　東京大学大学院工学系研究科化学システム工学専攻博士課程修了
現　在　叡啓大学ソーシャルシステムデザイン学部教授
　　　　博士（工学）

編集担当　千先治樹（森北出版）
編集責任　石田昇司（森北出版）
組　　版　創栄図書印刷
印　　刷　　同
製　　本　　同

物質工学入門シリーズ
基礎からわかる環境化学　　　　　　　© 庄司　良・下ヶ橋雅樹　*2018*

2018 年 4 月 20 日　第 1 版第 1 刷発行　　　【本書の無断転載を禁ず】
2022 年 3 月 10 日　第 1 版第 2 刷発行

著　　者　庄司　良・下ヶ橋雅樹
発 行 者　森北博巳
発 行 所　森北出版株式会社
　　　　　東京都千代田区富士見 1-4-11（〒102-0071）
　　　　　電話 03-3265-8341／FAX 03-3264-8709
　　　　　http://www.morikita.co.jp/
　　　　　日本書籍出版協会・自然科学書協会　会員
　　　　　JCOPY ＜（社）出版者著作権管理機構　委託出版物＞

落丁・乱丁本はお取替えいたします
Printed in Japan／ISBN978-4-627-24591-4

MEMO